新型职业农民培育规划教材

生猪规模生产经营

◎ 刘 涛 周德强 主编

U0272436

中国农业科学技术出版社

图书在版编目（CIP）数据

生猪规模生产经营／刘涛，周德强主编. —北京：中国农业
科学技术出版社，2015.8

ISBN 978 - 7 - 5116 - 2205 - 1

Ⅰ.①生… Ⅱ.①刘…②周… Ⅲ.①养猪学 Ⅳ.①S828

中国版本图书馆 CIP 数据核字（2015）第 169532 号

责任编辑 贺可香
责任校对 马广洋

出 版 者 中国农业科学技术出版社
        北京市中关村南大街 12 号 邮编：100081
电 话 （010）82106638（编辑室） （010）82109702（发行部）
        （010）82109709（读者服务部）
传 真 （010）82106650
网 址 http://www.castp.cn
经 销 者 各地新华书店
印 刷 者 北京富泰印刷有限责任公司
开 本 850mm ×1 168mm 1/32
印 张 7
字 数 200 千字
版 次 2015 年 8 月第 1 版 2015 年 8 月第 1 次印刷
定 价 28.00 元

《生猪规模生产经营》
编 委 会

主 编 刘 涛 周德强

副主编 王 瑞 武纪维

编 者 陈海侠 李 萍 刘 媛 苏建方

前　言

　　新型职业农民是现代农业生产经营的主体。开展新型职业农民教育培训，提高新型职业农民综合素质、生产技能和经营能力，是加快现代农业发展，保障国家粮食安全，持续增加农民收入，建设社会主义新农村的重要举措。党中央、国务院高度重视农民教育培训工作，提出了"大力培育新型职业农民"的历史任务。实践证明，教育培训是提升农民生产经营水平，提高新型职业农民素质的最直接、最有效的途径，也是新型职业农民培育的关键环节和基础工作。

　　为贯彻落实中央的战略部署，按照"科教兴农、人才强农、新型职业农民固农"的战略要求，迫切需要培育一批"有文化、懂技术、会经营"的新型职业农民。为做好新型职业农民培育工作，提升教育培训质量和效果，我们组织一批国内权威专家学者共同编写一套新型职业农民培育规划教材，供各新型职业农民培育机构开展新型职业农民培训使用。

　　本套教材适用新型职业农民培育工作，按照培训内容分别出版生产经营型、专业技能型和专业服务型三类。在选题上立足现代农业发展，选择国家重点支持、通用性强、覆盖面广、培训需求大的产业、工种和岗位开发教材；在内容上针对不同类型职业农民特点和需求，突出从种到收、从生产决策到产品营销全过程所需掌握的农业生产技术和经营管理理念；在体例上打破传统学科知识体系，以"农业生产过程为导向"构建编写体系，围绕生产过程和生产环节进行编写，实现教学过程与生产过程对接；教材图文并茂，通俗易懂，利于激发农民学习兴趣，具有较强的可读性。

　　《生猪规模生产经营》是系列规划教材之一，适用于从事现代养猪产业的生产经营型职业农民，也可供专业技能型和专业服务型职业农民选择学习。本教材重点介绍了现代生猪生产、猪品种与繁殖、饲料配制及使用、饲养管理、猪群保健与疾病防制、猪场建设与环境控制、猪场设备操作与维护、猪场经营管理等基本知识，可供相关人员参考和学习。

由于编写时间仓促，不足之处在所难免，请广大读者多多给予批评指正，以便在本教材再版时能够更加科学实用。

目　　录

模块一　现代生猪生产

一、现代生猪产业发展现状

（一）我国生猪产业现状

我国具有悠久的养猪业历史，是养猪大国和猪肉消费大国，却非养猪强国。养猪已成为畜牧业的支柱产业，对于农业经济发展、农村产业结构调整和农民收入增加发挥着巨大作用。猪肉产品在人们日常膳食结构中的比例愈来愈大，猪肉产品的安全和卫生问题也已成为社会共同关注的焦点。因此，改变传统的养殖模式，大力推进健康养殖，生产出优质、安全的猪肉产品已成为目前养猪业的发展目标。

改革开放以来，我国生猪生产快速发展。生猪存栏量、出栏量和猪肉产量都在成倍增长。与此同时，生猪生产水平明显提高，生猪出栏率由 20 世纪 70 年代的 50% 增加到目前的 140%，胴体重由 50 千克提高到 86 千克左右，育肥出栏周期由 300 天左右缩短到 180 天左右，生产水平快速提高。

1. 区域差异较明显

从生猪饲养区域看，我国生猪饲养范围广泛，除新疆、青海、宁夏、西藏等地饲养量较少外，其余省份都有规模不同、数量不等的饲养量。当前，我国生猪生产主要集中在四川盆地、黄淮流域和长江中下游三大地区。生猪养殖需要消耗大量的玉米等粮食作物，这些地区粮食资源丰富，饲料粮可就地转化为畜产品，具备一定的区域优势。全国生猪存栏排名前十位省份分别是四川（生猪存栏占全国的 11.5%）、河南（9.6%）、湖南

（8.5%）、山东（5.9%）、云南（5.8%）、湖北（5.3%）、广东（5.1%）、广西壮族自治区（全书简称广西）（5.0%）、河北（4.4%）和江苏（3.7%），10个省份生猪存栏合计占全国存栏总量的64.8%。全国有20个省份的生猪出栏量超过1 000万头，其中，四川省是我国生猪生产第一大省，出栏量超过6 000万头，占全国出栏量的比重达10.5%；其次是湖南省，出栏量超过5 000万头，占全国出栏量的比重为8.4%；河南、山东、湖北、广东、河北出栏量超过3 000万头，占全国的比重均在5%以上。出栏量排名前十位的省份生猪出栏量合计占到全国总出栏量的63.6%。

2. 规模养殖比重持续提升

生猪饲养业在我国是传统产业，生猪养殖长期以来一直作为农民的家庭副业经营，生产方式粗放，生产规模较小。改革开放以后，随着生猪生产的快速发展，生猪养殖的规模化和组织化程度在不断提高，散户（年出栏1~49头）生猪出栏量大幅下降。2009年散户出栏量的比重为38.66%，年出栏50头以上的出栏量占全国出栏量的61.34%。年出栏量在50~99头和100~499头的规模养殖户是生猪养殖的主体，二者的比重合计达到29.68%，占到规模户出栏量的近一半。年出栏500~5 000头的比重合计为21.92%，5 000头以上的比重较小，约为9.75%。

3. 散户数量仍占绝对多数

散户生产量占总产出的比重大幅下降，但散户数量仍然偏高，目前仍有6 400万户以上，占养猪户的比重达到96%；而规模户合计有254万户，占养猪户的比重约为4%；年出栏3 000头以上的大规模户数的比重在0.03%左右。从规模户内部结构分布看，养殖户50~99头和100~499头的小规模户的比重最大，合计占到规模户总数的92%左右；其次是500~999头和1 000~2 999头的合计比重为7%；3 000头以上的规模户的比重仅占0.7%，万头以上的大型养猪场仅有3 134个，在规模户中仅占

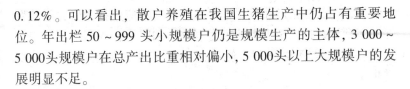

0.12%。可以看出，散户养殖在我国生猪生产中仍占有重要地位。年出栏 50～999 头小规模户仍是规模生产的主体，3 000～5 000 头规模户在总产出比重相对偏小，5 000 头以上大规模户的发展明显不足。

（二）我国生猪产业发展趋势

1. 技术进步与市场条件下对集约经营效益的追求推动生猪产业持续向工厂化规模化发展与演变。

2. 收入增长、技术进步及食物结构变化推动生猪产业持续向生产健康、安全肉质方向发展。

3. 对风险的控制和对食品安全及规模效益的追求推动生猪产业纵向一体化扩张持续进行。

除以上基本趋势外，我国生猪产业还呈现出随主要饲料原料价格波动而波动的长期趋势和随着季节变化而呈现出一定幅度波动的季节波动特征。同时，我国生猪产业因规模化与一体化发展水平较低，养殖和屠宰加工极度分散等现状，使政府对生猪产业发展的监管难度很大，特别是肉品质量监管成本高，加之部分发达国家人为设置各种非贸易壁垒，使我国生猪产品出口受到极大限制，国际竞争力较低，几乎成为一个封闭式产业，与全球化发展趋势相背离。

近年来，国家畜牧业主管部门联合中央和地方政府相关部门，在推进生猪产业生产方式转变（包括生产经营规模化、产业发展一体化、内部分工专业化和繁殖饲养标准化等）、查处饲料生产中违禁药物和有害添加剂的使用及饲料市场监管、生猪定点屠宰和猪肉及猪肉制品质量及市场监管、猪肉生产冷链建设和冷却保鲜肉在大中城市的推广、兽药生产企业 GMP 认证和兽药产品质量及市场监管、畜牧兽医网络建设、疾病防御体系建设和从业人员培训及资质认定、生猪优良品种与种质资源引进、本国地方优良品种与种质资源保护和拥有自主知识产权的优良品种选育与开发，以及生猪产业发展重大基础研究和应用技术研究与开发等众多领域，投入了大量的人力、物力和财力，制定了不少相关法规、标准及管理制度，使中国生猪产业的发展取得了长足进步。

二、生猪产业政策与生产补贴

自 2007 年全国生猪价格持续上涨以来，国务院和各部委以及各地方政府出台了多项扶持生猪生产发展的政策：如良种工程、能繁母猪补贴、生猪调出大县奖励、国家冻猪肉储备制等，涵盖了生猪生产和生猪猪肉流通的各个方面，建立了扶持生猪生产发展的政策体系。这些政策体现出各级政府对生猪生产发展的高度重视，对稳定我国生猪生产起到了积极作用。

1. 针对 2012 年生猪价格回落的实际情况，为了防止价格持续回落，国家发改委等六部委在 2009 年出台的《防止生猪价格过度下跌调控预案（暂行)》的基础上，于 5 月 11 日出台了《缓解生猪市场价格周期性波动调控预案》。两个预案设定的预警区域有所差异，防跌预案设定的预警区域是猪粮比价（9：1）~（6：1），缓波预案设定的调控目标是猪粮比价（8.5：1）~（6：1），显然缓波预案对消费者的保护反应更快速。国家对生猪和猪肉价格的过度波动非常重视，政策也很严谨，试图通过政府调控的措施稳定生猪生产和猪肉价格，缓解价格波动。

2. 2012 年 5 月 20 日国务院办公厅下发《国家中长期动物疫病防治规划（2012—2020）年》。该规划对当前面临的动物疫病形势进行了分析，确定了主要动物疫病防控目标，总体策略和具体措施。特别提出到 2015 年，所有原种猪场在高致病性猪蓝耳病、猪瘟、猪伪狂犬病、猪繁殖与呼吸综合征这四种疫病防控上达到净化标准。到 2020 年全国所有种猪场均达到净化标准。这样就从源头上控制了猪疫病的流行。为了实现这个目标，在政策上建立无疫企业认证制度、市场准入制度等，充分调动种猪企业净化猪群的积极性。

3. 为了确保猪肉产品质量安全，必须确保投入品的安全。农业部在已有的一系列饲料管理规定和限制性规定的基础上出台了《饲料原料目录》。2012年6月1日，农业部发布第1773号公告，规定于2013年1月1日起施行《饲料原料目录》。该目录规定饲料生产企业所使用的饲料原料均应属于本目录规定的品种，并符合本目录的要求。该目录主要包括谷物及其加工产品、油料籽实及其加工产品、豆科作物籽实及其加工产品、乳制品及其副产品、陆生动物产品及其副产品、鱼、其他水生生物及其副产品、矿物质、微生物发酵产品及副产品和其他饲料原料等13类饲料原料。

4. 《畜禽规模养殖污染防治条例》已经2013年10月8日国务院第26次常务会议通过，现予公布，自2014年1月1日起施行。该条例强化综合利用在污染治理中的重要作用。畜禽养殖污染废弃物主要是粪便、污水等有机物质。这些物质作为宝贵资源，可以作为肥料还田或者制取沼气、发电等用途。最终实现污染物的零排放。

5. 自2007年起，我国政府已安排专项资金构建生猪补贴体系，其中有些为普惠性政策，如生猪良种补贴、能繁母猪补助及病死猪补贴等制度；有些为按生产规模不同而实行的补贴政策，如规模养殖场的改扩建以及对生猪调出大县的奖励等制度。这些制度的建立，在一定程度上降低了生猪养殖户，特别是散养户的养殖风险，保护了养殖户的利益，调动了养殖的积极性，这对于快速恢复市场供给，缓解生猪价格剧烈波动以及促进生猪产业的转型升级具有重要作用。

三、市场预测和风险应对

（一）影响生猪价格的因素

1. 影响生猪价格波动的长期因素

（1）猪周期。谈起猪价走势，必谈"猪周期"。有论者认为，从长期看，如果以相邻的猪价最高峰时间间隔为一个猪周期，大约是 42 个月为一周期。自 2000 年以来，我国共经历了 3 个猪周期，而目前正处于第四个周期当中。第一个周期是 2001 年 5 月到 2004 年 9 月，第二个周期是 2004 年 9 月到 2008 年 3 月，第三个周期是 2008 年 3 月到 2011 年 9 月，我们当前所处的第四个周期是从 2011 年 9 月开始的，如果按照一个完整的周期来运行的话，第四个周期应至 2014 年结束。

通常来说，猪周期的运行路线图为：猪肉价格大涨——母猪存栏量大增——生猪供应量剧增——肉价下跌——养殖户大量淘汰母猪——生猪供应量减少——肉价再次上涨。这是一个循环的周期性过程。一个完整的猪周期包括了猪肉价格上升和下跌两个阶段。

（2）原料价格。活物养殖的一大特点是，养殖户本身并没有囤货资质，市场议价能力弱。因此，从短期看，养猪不可能因为成本高而提高当期销售价格。在 2013 年，作为原料主产区的东北地区，猪价一直高于华南地区，可见猪价并不会因为简单的成本变动，而直接调整价格。但是，从长期看，养猪的物质成本里，占比最大的是玉米，一般占到 60% ~ 80%，当玉米等原料价格变动时，生猪价格也会受到"牵连"。但玉米对生猪生产的影响具有滞后性，会对猪价产生持续性影响，对于一个周期来说，仍属于重大影响。养殖户不是因为成本变化而调整价格，而是依据成本调整生产预期。

（3）存栏量。当猪粮比低于6：1时，生猪存栏量发生较大幅度的回落，而当猪粮比大于6：1时，生猪存栏量则大幅回升。由于2009年底，猪肉价格急剧下跌，养猪户面临较大亏损，于是大量宰杀生猪推向市场，导致生猪存栏量出现大幅下降。由于对猪肉价格预期的悲观，养猪户逐步淘汰能繁母猪，能繁母猪量的变化要滞后于生猪存栏量的变化3～4月，相应猪价也在能繁母猪大幅调整4个月后出现大幅波动。

（4）消费特点

①猪肉消费在肉类消费中占主导地位。猪肉一直是我国居民肉类消费的主体。20世纪80年代以前，猪肉占居民肉类消费比重的95%以上。进入80年代，随着肉类消费的多样化发展，尽管猪肉消费量不断增加，但其比重下降。到目前为止，猪肉消费仍占肉类消费的60%以上。2009年全国猪肉产量4 890.8万吨，人均猪肉占有量36.6千克，城乡居民家庭猪肉消费总量2 269万吨，人均猪肉消费量17.0千克，比1978年增长了1.2倍；人均牛羊肉消费量2.46千克，人均禽肉消费量7.17千克，猪肉、牛羊肉和禽肉的比率约为7：1：3，猪肉占肉类消费的63.3%。

②猪肉消费快速增加。1960年是猪肉消费的最低点，城镇居民年人均消费猪肉仅2.7千克，农村仅1.2千克；1964—1978年，猪肉消费有所增长，但非常缓慢，在14年间城镇居民人均消费增长了5.5千克，农村居民增长2.1千克，年增长率不到1%。改革开放以后，随着生猪生产迅速发展，猪肉消费量快速增加，城乡居民的人均猪肉消费量从1978年的6.7千克增加到2006年的17.5千克，2006年是1978年的2.6倍。2007年，由于生猪生产剧烈波动，猪肉价格大幅上涨，导致人均消费量下降到15.6千克，但2007年之后再次回升，2009年已回升至17.0千克。

③猪肉消费城乡差距较为明显。猪肉消费存在着明显的城乡差异和区域差异。20世纪80年代以前，城乡猪肉消费差距较大，

城镇人均消费高出农村 8 千克以上。随着农村经济发展和农民收入的提高,农村猪肉消费量持续快速增加,而城市居民的消费已经达到一定的水平,增长趋缓,城乡消费差距逐渐缩小。农村居民的猪肉消费长期受本身收入和猪肉价格的制约,消费水平较低,随着农村经济的进一步发展和农民收入的提高,未来农村猪肉消费的潜力仍然很大。

2. 影响生猪价格波动的短期因素

(1) 季节。消费需求变化是生猪价格走势的主导因素之一。农历春节一般在 1 月底或 2 月初,因此,月生猪屠宰量最高峰基本出现在每年的 1 月或者 12 月,12 月平均生猪屠宰量较月均屠宰量高出 20.5%,最高可接近 40%,次年 1 月平均生猪屠宰量较月均屠宰量高出 15.2%;月生猪屠宰量最低谷出现在每年 2 月,低于月均屠宰量最高值 22.4%;生猪消费另一个低谷出现在 7 ~ 8 月,屠宰量比月均屠宰量下降 3% ~ 5%。同步变化的规律是年底价格一般比夏季淡季高出 10% 以上。

由于猪的生物学特性,供应量不会几何式增加,只会小幅增加,保持平稳。中国生猪需求的节日、季节性非常明显而需求能短期大幅增加 20% ~ 30%,因此,即使有些时候春节前猪价会下跌。历史上很少出现春节前猪价低于成本线的,因为春节前的猪肉需求比平时要高出至少 30% 以上,而供应很难在一个时间点上高出 30% 以上。

以"春运"为界,从节前 15 天,到节后 25 天,共 40 天的时间里,在经济较发达地区和欠发达家乡之间存在大量的人口流动,短时间内,相应地区的消费总量会发生巨大波动。大量流动人口的存在,应该说是与当前的户籍制度、城镇化发展以及与其他相关政策密切相关。

(2) 天气。天气变化尤其是极端天气能在短时间内对局部猪价产生快速影响。除极端天气外,正常的季节气温变化也会刺激猪价变化。传统室外腊肉制作的温度要求在 15℃ 以下。目前北方集中在 10 月底或 11 月初，南方根据天气开始制作，一般时间在中秋节后北风到来。冬春季我国北方大部分地区持续的雨雪天气，推动北方生猪市场价格持续走高。

（3）疾病。据资料，在 2001—2007 年，疫情是影响生猪价格的重要因素，造成严重影响的有 3 次。

2003 年的非典疫情导致猪肉需求量急剧下降，同时生猪购销市场的封闭也造成市场分割，猪肉流通受阻。2005 年四川省发生的猪链球菌病使养殖户认识到生猪市场存在更多不确定风险，开始大量缩减生产、淘汰母猪。

2006 年夏季，在我国南方一些省市相继暴发高热病，这种疫病不仅造成生猪直接死亡，还导致患病母猪流产或死胎，进一步减少了母猪、生猪的存栏量，增加了饲养成本，严重削减了养殖户尤其是散养户的资金实力，导致全国范围内的存栏量减少。

2010 年冬季到 2011 年春季，一些省区发生仔猪流行性腹泻，个别养殖场小猪死亡率高达 50%。疾病导致供应减少，大大推动猪肉价格上涨。冯永辉分析说，2011 年、2012 年 2 月仔猪价格上涨的共同原因是春节期间仔猪腹泻流行，仔猪供应量大减。

疫情一方面会直接导致生猪产量的降低，另一方面会使生产者在恐惧心理的支配下减少生产量，所导致的生猪产量减少却会影响到未来的一段时间。这一特征无疑加剧了生猪价格的波动性。

（二）应对措施

1. 重视收集信息搞好市场预测，避免恐慌抛售

要理性对待猪价下跌，从电视、专业网站和专业报刊杂志等媒体收集信息，向专业人士咨询，认真分析导致猪价下跌的主要因素和原因，市场低迷期有多长，谷底有多深，搞好市场预测。再根据本养猪场存栏猪结构，制定科学合理的生产计划，安排生

产。不能因为猪价下跌，出现恐慌心理，就盲目跟风，大量低价抛售肥猪，甚至廉价抛售生产性能好的能繁母猪。

2. 做好生猪疫病防控工作，避免"麻痹松懈"心理

猪价震荡是市场经济的基本规律，规模猪场是一个长期从事养猪生产经营的企业，投入了大量的固定资本和流动资金，猪价大幅下跌，若这种局势持续一段时间，那些饲养成绩差，成本居高不下的猪场，发生生猪疫病流行的猪场，资金运作不良而无法生存的猪场就会被淘汰。因此，规模猪场必须以生产安全为前提。一要认真做好消毒灭源工作，消灭猪场的传染源。在抗体监测的基础上制定免疫程序，对健康不佳的猪只，因其生长缓慢，料肉比降低，应尽快淘汰；二要重视驱虫工作，确保猪只健康。要定期对各阶段猪只驱虫和仔猪腹泻、传染性胃肠炎等有关疾病进行药物预防。

3. 及时淘汰低产母猪增养后备母猪，避免养殖效率低下

在猪价低迷期除正常淘汰外，要对那些虽未完全达到淘汰条件但发情配种间隔期长，难配难孕，窝产仔数在 10 头以下，泌乳能力差，护仔不好和有产科疾病及健康状况欠佳的低产母猪尽快淘汰，压缩生产规模。不养"吃闲饭猪"和"无能猪"，避免养殖效率低下。也要避免出现将怀孕母猪低价出售、初产仔猪弃养、"不养就是不亏，少养就是少亏"的极端行为；同时更新种群，增养优秀后备母猪，等待猪价上升时，高峰产仔，获得较高的经济效益。

4. 提高生产性能降低饲养费用，避免使用劣质饲料

一是采用人工授精技术。一头种公猪年饲养费用在 6 000 元左右，采用本交，只能配种 25 头母猪，采用人工授精技术能配种 120 头母猪，不但使优良公猪的遗传性能得到充分发挥，迅速提高后代的质量，降低了疫病风险，而且减少了公猪的饲养头数从而降低了饲养成本。二是用优质饲料饲喂乳猪。乳猪饲料价格最贵，切莫因猪价不好，就喂便宜的乳猪料，乳猪料因价格原因

质量变差的话会影响小猪的生长，生长状况不好，就会造成300元以上的损失，要是半途死掉，损失又将翻番。因为吃乳猪料这个阶段的料肉比是（1.1∶1）～（1.5∶1），而后期料的料肉比是（3.5∶1）～（4.3∶1），所以按照长肉成本来讲的话，乳猪料的价格相对是最便宜的。三是加强饲养管理，提高育肥猪生产性能，提前出栏减少存栏；有些人认为饲料是养猪的最主要费用支出，所以猪价走低，就赶快使用价格便宜的饲料，以求养猪成本的降低。但这样做的后果一定是各阶段猪只生长缓慢、肉猪延迟出售、饲养密度增加，反而造成病多难养的困境。同时，在多雨高温季节要特别重视饲料及其原料的管理工作，防止饲料霉变。

5. 猪价降至低谷期扩大养殖规模，避免"价好无猪"

我们知道，搞市场经济就必然有价格震荡，价格涨跌主要受供求关系影响。有"跌"就必有"升"，根据这一规律，考虑到养猪的生产繁殖周期，聪明的规模化猪场决策者就会在养猪市场低谷期扩大生产规模，往往会赶在养猪市场的高潮期到来时达到满负荷生产、增加出栏量。避免出现"猪价好时无猪卖"的尴尬局面。

6. 根据市场需求变化调整市场定位，避免"产销脱节"

要根据市场的需求变化，及时调整产品市场定位，调整品种或配套系，调整猪群规模和存栏猪结构，从而合理改变市场定位，以适应将来市场的需求，避免"产销脱节"。我国特色肉类需求增长势头强劲，发展潜力大，价格波动小，市场前景看好。如金华猪、香猪、藏猪和名优地方猪及土杂猪等。

7. 灵活机动经营销售，避免销售渠道狭窄

养猪市场低潮期，育肥猪不赚钱或可能亏损，此时规模化猪场可考虑出售仔猪虽然仔猪价格也很低甚至低于成本价，但比较一下，可能还是出售仔猪合算，或减少亏损。显而易见，规模化猪场育肥猪的成本要大大高于散养户的成本，多数散养户除了购

猪苗、饲料、药品外几乎不计其他成本。所以，即使在低谷期，多数散养户养肥猪仍有微利，仔猪市场仍有潜力可挖。但这时要注意提高出售仔猪的质量，增大淘汰弱仔猪的力度，以质量求胜，赢得市场。

8. 开展旧设备更新和改造，避免资产闲置浪费

不合理的猪舍设计、传统料槽，不利于猪只生产潜能的发挥，降低了生长速度，导致料肉比增高，易使猪只发生疫病，不利于降低生产成本，应加以改进。经验表明，利用新型可调式料槽可减少生长育肥期的饲料浪费 30 千克以上；同时对一些不利于提高生产水平的旧设备，如损坏的防鼠、灭蚊设备，不利于实施全进全出的大通间结构、各栋舍内通用的下水道以及损坏的产床、保育床等，均需要维修、改造。为提高生产水平，应购买先进的通风、降温、保暖及喷雾消毒设备等，以提高生产水平，降低饲养成本，避免资产不配套或闲置浪费。

9. 做好资金规划，避免过度压栏

如果猪价低迷持续时间长的话，猪场被淘汰的原因一定是因为生产效率低导致的生产成本增加，再加上恶性压栏，现金流断裂的原因。在预测猪价短期无法回升的情况下，要及时调整策略，适时出栏，寻求专业财务人员帮助，制定资金规划，"深挖洞，广积粮"，平稳度过低价期。

10. 延长产业链开源增收，避免产品单一

走产业化发展道路，实行"猪—沼—果"、"猪—沼—鱼"、"猪—沼—菜"、"猪—沼—林"相结合，养猪与杀猪相结合，实行产销直接对接，减少中间环节，增加养殖收入，抵御市场风险。

四、养猪模式选择

目前，农村养猪主要有 3 种模式，一种是购买仔猪育肥出售，一种是饲养母猪出售仔猪，还有一种是自繁自养，即将自己

繁殖的仔猪育成肥猪出售。

1. 专业育肥

专业育肥就是购买仔猪，育肥再出售，农村专业户主要采用这种模式。目标是最快的生长速度和最低的料肉比。购仔猪育肥，只要把好进猪关，对技术的要求比饲养母猪低，但是，饲料资金成本要高的多。而且现在一般很少有专业的仔猪繁育基地，加上大多数养猪者贪便宜，认为专业猪场仔猪价位偏高，因此，所购仔猪大多来自千家万户，病源复杂，加上防疫不规范，疫病风险不可避免；历次疫病大流行损失最大的往往是这类猪场。专业育肥对市场价格也是最敏感的，采用这种模式，赚钱的往往是那些有一定经验，对市场行情把握较好的人。他们在低谷时低价购进仔猪，等育成肥猪，行情转好，就可大赚一笔了。而有些经验不足的人，往往猪价高峰时跟风高价购进仔猪，猪大了，猪价跌了，入不敷出，养猪的兴趣和信心一落千丈，黯然而退者多数是这类养猪者。

2. 饲养母猪

这种模式主要是饲养适应性较强的繁殖母猪，用以繁殖和出售仔猪。广大的农村母猪户主要采用这种模式。核心目标是用最小的成本取得最大的断奶窝重。主要工作为：配种、妊娠、分娩、哺乳、仔猪补料、断乳、免疫等，需要一定的饲养管理和技术水平。多数农户虽然有养过母猪的经历或积累了相当的经验，但离现代养猪技术的要求还有很大的差距。特别是没有合理严格的防疫程序，所繁仔猪健康状况良莠不齐。就经济效益来说，这种模式经济收益较微薄，受到市场对仔猪的需求、仔猪价格、饲料价格、母猪饲养成本等因素的影响，不是很稳定。猪价高的时候，虽然仔猪也能卖个好价钱，但价格上扬的时间一般会滞后于肥猪。一旦猪价跌落，仔猪又首当其冲。所以，历次猪价低谷，母猪饲养户受到的打击都是最大的。这种模式的优点是饲料投资相对来说比其他两种要小，对青粗饲料利用优势明显。所以，有

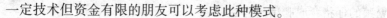

一定技术但资金有限的朋友可以考虑此种模式。

3. 自繁自养

就目前情况而言，自繁自养是一种比较好的养猪模式。自己能制订合理的防疫和免疫程序，使猪群抗体水平保持一致；病源的复杂性相对简单，对本场已有的病源猪群大多产生了自然抗体，只要防止带进外来病源，疫病的威胁要小得多。同时也避免了运输转移等许多应激因素，猪群能迅速适应环境，一般长势也好得多。从整体效益来说，也比前两种模式要稳定得多；低价时可以稳住阵脚，高价的不因买不到仔猪而发愁。当然，相对来说资金投入和技术要求也比较高。

总之，建议根据自身的条件来选择适合的模式。如果猪舍使用期较短，或养猪是临时行为，或能较好把握市场行情的，可选择第一种养猪类型。如果饲养者的专业知识和技术优势倾向于饲养母猪和仔猪，但流动资金不足时，可选择第二种养猪类型。

模块二　猪品种与繁殖

一、猪的生物学特性

1. 猪是杂食动物，具有发达的消化器官

猪能采食和利用各种饲料，对各种饲料的利用能力强，采食量大，对饲料消化较快，消化率较高。每 100 千克体重可采食干物质 4.5 千克，饲料通过消化道的时间 30~36 小时，对精饲料有机物消化率为 76.7%，对优质干草和青草的消化率分别为 51.2% 和 64.6%。但对粗纤维的利用能力仅 3%~25%。

2. 猪的繁殖能力强，生长强度大，屠宰率高

猪是常年发情多胎动物，一年两胎左右，每胎产仔 10 头左右。仔猪 30 日龄体重为初生重的 5~6 倍，60 日龄为 30 日龄体重的 2~3 倍。饲养管理条件好 6 月龄可达 90~100 千克。屠宰率一般为 65%~75%。

3. 猪对外界环境，温度和湿度的变化敏感

猪汗腺不发达，皮下脂肪较厚，被毛稀少。因此，怕热、怕强烈阳光照射。猪在高温（30℃ 以上）下表现不安静、食欲下降、饲料报酬低，甚至发生疾病，如妊娠母猪会因高温造成流产和死胎等。猪也怕冷，尤其是初生仔猪抗寒力差。在低温 4℃ 以下，猪消耗大量热能维持体温，饲料报酬低。猪也怕潮湿，在潮湿的环境下，易患皮肤病、感冒、肺炎等疾病，影响猪的健康和生长。冬季潮湿环境，猪更怕冷。

猪适宜的环境温度为 15~20℃，两周内仔猪在 30℃ 左右代谢

效率最高，适宜的环境相对湿度为 65% ~ 75%。保持冬暖夏凉、防潮，有利于猪的正常发育。

4. 猪的嗅觉和听觉灵敏、视觉弱

对痛觉刺激特别容易形成条件反射。猪有一定的智能，可调教。

5. 猪定居漫游，群体次位明显

但群饲的猪比单饲的猪吃食好，增重较快，群体易化作用明显。

6. 猪有爱好清洁的习性

一般有吃、睡、拉三角定位的习惯，只需猪入圈后头 3 天认真调教，就能养成习惯，保持圈内清洁卫生。

7. 猪主要在白天活动

在温暖季节，夜间也活动采食。猪属多相睡眠动物，一天内活动与睡眠交替几次。

二、不同品种猪的体型、外貌和生产性能特点

据《中国猪品种志》（1986）介绍，中国地方品种猪种 48 个；中国培育品种 12 个；引入国外品种 6 个。中国是世界上猪种资源最丰富的国家之一。

（一）我国地方品种

根据猪种的外貌特征、分布状况、自然和经济条件的关系，以及相互间的亲缘程度，可将我国的地方品种猪种分为：华北型、华南型、华中型、江海型、西南型、小型猪（表 2 - 1）。

表 2 - 1　我国地方猪种

猪种名称	分布地区	体型	外貌	生产性能
华北型（东北民猪、黄淮海黑猪、汉江黑猪、沂蒙黑猪等）	主要分布在淮河、秦岭以北，包括东北区、蒙新区	体型较大，各品种间体型差异较大，分大、中、小型猪。体型特征腰背窄而较平，四肢粗壮	头较平直，嘴筒长，便于掘地采食；耳大下垂，额间多纵行皱纹	抗寒力强，繁殖力强，性成熟早，产仔数多肥育性能中等；前期增重缓慢，而在肥育后期增重很快。胴体瘦肉率较高达 45% 以上；屠宰率较低，一般约为 60%～70%；肉色鲜红，肉味浓厚，肌内脂肪含量高
华南型（广东大花白猪；滇南小耳猪；海南文昌猪；两广小花猪；广西陆川猪）	广东、广西、福建、云南南部热带和亚热带地区	短、矮、宽、圆、肥，骨骼细小；背腰宽阔下陷，腹大下垂，臀较丰满，四肢阔大粗短，从幼年到成年体型都肥满	头较短小，面凹，额部皱纹不多且以横纹为主，耳小直立或向两侧平伸；毛稀，多为黑白斑块，亦有全黑被毛	性成熟早，繁殖力中等；饲养水平较低，多以放牧为主；生长缓慢；胴体瘦肉率低，脂肪率高，超过 40%
华中型（湖北监利猪、湖南宁乡猪、浙江金华猪、江西萍乡猪等大围子猪；华中两头乌猪）	主产于湖北、湖南、江西、广西和长江中游及江南的广大地区	体型中等，比华南型大；四肢较短且疏松，背宽下凹，腹大下垂，被毛稀疏，毛色多为黑白花；乳头为 6～7 对	体貌与华南型相似	窝产仔 10～13 头

（续表）

猪种名称	分布地区	体型	外貌	生产性能
江海型（太湖猪、陕西安康猪、江苏姜曲海猪、湖北阳新猪、浙江虹桥猪）	长江中下游沿岸以及东南沿海地区	毛色自北向南由全黑逐步向黑白花过渡，个别猪种全为白色。骨骼粗壮，皮厚而松，多皱褶；耳大下垂；繁殖力高，乳头多为8~9对	头大小适中，额较宽，皱纹深且多呈菱形；耳长大下垂	繁殖力高，窝产仔13头以上，高者达15头以上；脂肪多，瘦肉少
西南型（荣昌猪、内江猪、成华猪、乌金猪贵州关岭猪、云南保山大耳猪）	四川盆地，盆周山区及云贵高原，以山地为主	毛色多为全黑和相当数量的黑白花（"六白"或不完全"六白"等），但也有少量红毛猪。乳头多为6~7对	头大，腿较粗短，额部多有旋毛或纵行皱纹	产仔数一般8~10头，屠宰率低，脂肪多
中国小型猪（贵州环江香猪、广西巴马香猪、海南五指山猪（老鼠猪）、云南省版纳微型猪、西藏藏猪	分布于中国南方交通不便的崇山峻岭之中，生态环境恶劣	体型小发育慢，6月龄体高40厘米左右，体长在60~75厘米，体重20~30千克，平均日增重120~150克		性成熟早，3~4月龄性成熟；抗逆性强，对不良的生态和饲料条件有很强的适应能力；产仔数少，一般为5~6头

（二）引进猪种

引进种猪如表2-2所示。

表2－2　我国主要引进猪品种

猪种名称	分布地区	体型	外貌	生产性能
长白猪	原产丹麦	体躯长，背腰平直，后躯发达，腿臀丰满，整体呈前轻后重，外观清秀美观，体质结实，四肢坚实	被毛白色，允许偶有少量暗黑斑点；头小颈轻，鼻嘴狭长，耳较大向前倾或下垂	母猪初情期170～200日龄，适宜配种的日龄230～250天，体重120千克以上。母猪总产仔数，初产9头以上，经产10头以上；21日龄窝重，初产40千克以上，经产45千克以上
大白猪	原产英国	背腰平直。肢蹄健壮、前胛宽、背阔、后躯丰满，呈长方形体型等特点	全身皮毛白色，允许偶有少量暗黑斑点，头大小适中，鼻面直或微凹，耳竖立	母猪初情期165～195日龄，适宜配种日龄220～240天，体重120千克以上。母猪总产仔数，初产9头以上，经产10头以上；21日龄窝重，初产40千克以上，经产45千克以上；达100千克体重日龄180天以下，饲料转化率1∶2.8以下，100千克体重时，活体背膘厚15毫米以下，眼肌面积30平方厘米以上
杜洛克	原产于美国东部的新泽西州和纽约州等地	毛色棕红、结构匀称紧凑、四肢粗壮、体躯深广、肌肉发达，属瘦肉型肉用品种。胸宽深，背腰略呈拱形，腹线平直，四肢强健。公猪：包皮较小，睾丸匀称突出、附睾较明显。母猪：外阴部大小适中、乳头一般为6对，母性一般	头大小适中、较清秀，颜面稍凹、嘴筒短直，耳中等大小，向前倾，耳尖稍弯曲，	生长发育最快的猪种，肥育期平均日增重750克以上，料肉比2.5～3.0∶1；胴体瘦肉率在60%以上；屠宰率为75%；成年公猪体重为340～450千克；母猪300～390千克。初产母猪产仔9头左右，经产母猪产仔10头左右。母性较强，育成率高

（续表）

猪种名称	分布地区	体型	外貌	生产性能
汉普夏	原产于美国	中躯较宽，背腰粗短，体躯紧凑，呈拱形	全身主要为黑色，肩部到前肢有一条白带环绕。俗称白肩猪。头大小适中，颜面直，耳向上直立	平均产仔数9头；眼肌面积较大；胴体瘦肉率65%以上；成年体重较大。主要用作杂交生产父系
皮特兰	原产于比利时的布拉帮特省	毛色呈灰白色并带有不规则的深黑色斑点，偶尔出现少量棕色毛。体躯呈圆柱形，腹部平行于背部，肩部肌肉丰满，背直而宽大。体长 1.5～1.6米	头部清秀，颜面平直，嘴大且直，双耳略微向前	在较好的饲养条件下，皮特兰猪生长迅速，6月龄体重可达90～100千克。日增重750克左右，每千克增重消耗配合饲料2.5～2.6千克，屠宰率76%，瘦肉率可高达70%。公猪一旦达到性成熟就有较强的性欲，采精调教一般一次就会成功，射精量250～300毫升，精子数每毫升达3亿个。母猪母性不亚于我国地方品种，仔猪育成率在92%～98%。母猪的初情期一般在190日龄，发情周期18～21天，每胎产崽数10头左右，产活崽数9头左右

（三）培育品种

培育品种如表2-3所示。

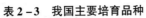

表 2 – 3 我国主要培育品种

猪种名称	分布地区	体型	外貌	生产性能
三江白猪	黑龙江省东部地区	背腰宽平，腿臀丰满。四肢粗壮，蹄质坚实。被毛全白，毛丛稀密。乳头 7 对，排列整齐。具有肉用型猪的体躯结构	头轻嘴直，耳下垂	三江白猪仔猪 50 日龄断乳体重 13.94 千克，4 月龄 46.90 千克。6 月龄体重 84.22 千克，体长 119.68 厘米，腿臀围 85.72 厘米。在农场生产条件下饲养，表现出生长迅速、饲料消耗少、胴体瘦肉多、肉质良好和适于北方寒冷地区饲养的优点。但群体尚不够大，在类型上尚欠一致，颈下与腹下肉比例稍大
湖北白猪	分布于湖北省的近半数的县、市。已推广到海南省的琼山、文昌，广东省的湛江、佛山、韶关，湖南省的邵阳、邵东、耒阳、武冈，江西省的横峰、安徽省的铜陵等县、市	颈肩部结构良好，背腰平直，中躯较长，腹小。腿臀丰满，肢蹄结实。有效乳头 12 个以上	体格较大，被毛全白。头轻而直长，额无皱纹，两耳前倾或稍下垂	成年公猪体重 250 ~ 300 千克，母猪体重 200 ~ 250 千克。该品种具有瘦肉率高、肉质好、生长发育快、繁殖性能优良等特点。6 月龄公猪体重达 90 千克；25 ~ 90 千克阶段平均日增重 0.6 ~ 0.65 千克，料肉比 3.5∶1 以下，达 90 千克体重为 180 日龄，产仔数初产母猪为 9.5 ~ 10.5 头，经产母猪 12 头以上，是开展杂交利用的优良母本
哈尔滨白猪	黑龙江省养猪业的主要品种资源，并已推广到全国 20 多个省（市、自治区）	体型较大，全身被毛白色，背腰平直，腹稍大，	头中等大小，两耳直立，面部微凹.	成年公猪平均体重 220 千克，母猪 180 千克，经产母猪平均每胎产仔 11 头，60 日龄断乳重 160 千克左右。育肥后屠宰率达 72.06%，胴体品质好，肥瘦比例适当，肉质细嫩适口

三、杂交模式选择

杂交是指不同品种、品系或品群间的相互交配。这些品种、品系或品群间杂交所产生的杂种后代，往往在生活力、生长势和生产性能等方面，在一定程度上优于其亲本纯繁群体，即杂种后代性状的平均表型值超过杂交亲本性状的平均表型值，这种现象称为杂种优势。杂种优势一般只限于杂种一代，如果杂种一代之间继续杂交，则导致优势分散，群体发生退化。

（一）杂交模式

1. 二元杂交

是用两个不同品种的公、母猪进行一次杂交，其杂种一代全部用于育肥，生产商品肉猪。这种方法简单易行，只要购进父本品种即可杂交。已在农村推广应用。仅利用了生长育肥性能和胴体性能的杂种优势，缺点是没有利用繁殖性能的杂种优势，因为杂种一代母猪被直接育肥，繁殖优势未能表现出来。我国二元杂交主要以引入品种或我国培育品种作父本与本地品种或培育品种作母本进行杂交，杂交效果好，值得广泛推行。如以杜洛克猪为父本与三江白猪杂交，所得杂种日增重为 629g，饲料转化率为 3.28，瘦肉率达 62%。

2. 三元杂交

即先利用两个品种的猪杂交，从杂种一代中挑选优良母猪，再与第二父本品种杂交，二代所有杂种用于育肥生产商品肉猪。三元杂交所使用的猪种：母猪常用地方品种或培育品种，两个父本品种常用引入的优良瘦肉型品种。为了提高经济效益和增加市场竞争力，可把母本猪确定为引入的优良瘦肉型猪，也就是全部用引入优良猪种进行三元杂交，效果更好。目前，在国内从南方到北方的大多数规模化养猪场，普遍采用杜、长、大的三元杂交

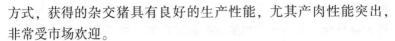

方式，获得的杂交猪具有良好的生产性能，尤其产肉性能突出，非常受市场欢迎。

3. 轮回杂交

就在杂交过程中，逐代选留优秀的杂种母猪作母本，每代用组成亲本的各品种公猪轮流作父本的杂交方式叫轮回杂交。利用轮回杂交，可减少纯种公猪的饲养量，降低养猪成本，可利用各代杂种母猪的杂种优势来提高生产性能，因此，不一定保留纯种母猪繁殖群，可不断保持各子代的杂种优势，获得持续而稳定的经济效益。常用的轮回杂交方法有两品种和三品种轮回杂交。

4. 配套杂交

又叫四品种（品系）杂交，是采用四个品种或品系，先分别进行两两杂交，然后在杂种一代中分别选出优良的父、母本猪，再进行四品种杂交，称配套系杂交。目前，国外所推行的"杂优猪"，大多数是由四个专门化品系杂交而产生。如美国的"迪卡"配套系、英国的"PIC"配套系等。

（二）提高杂种优势的途径

即使在同样的饲养管理条件下，杂交亲本品种不同，其杂交效果也是不同的，这是由于不同杂交组合的配合力不同所致。因此，选择什么样的杂交亲本来组成杂交组合，是杂种优势优劣的关键。

1. 父本的选择

父本必须是胴体瘦肉率高、肉质好、生长速度快、饲料利用率较高、适应性强的品种。由于父本的数量较少，饲养管理条件适当高些比较容易做到，因此，适应性可放在稍次地位。目前，从国外引进的瘦肉型猪一般都符合上述条件。大量杂交实践表明，这些瘦肉型猪种作为杂交父本，其杂交效果都较好。

2. 母本的选择

母本要求在本地区分布广、数量多、繁殖力高。在不影响杂种生长速度的前提下，母本的体型不要求太大，而瘦肉率和繁殖指标不能太低。按照以上条件，我国大多数地方品种猪种和培育猪种都符合。但由于我国地方品种猪种的个体差异较大，即使是同一猪种，其主要生产性能往往也存在很大差异。所以，杂交母本的选择必须进行配合力测定，只有根据测定结果，才能选择出配合力好的猪种。

（三）杂种优势的利用

1. 杜长大体系

是以杜洛克公猪做终端父本，以长白与大白杂交的长大母猪为母本进行生产的杂交方式。首先用长白公猪（L）与大白母猪（Y）配种或用大白公猪（Y）与长白母猪（L）配种，在它们所生的后代中精选优秀的 LY 或 YL 母猪作为父母代母猪。最后用杜洛克公猪（D）与 LY 或 YL 母猪配种生产优质三元杂交肉猪。其杂交模式图如下：

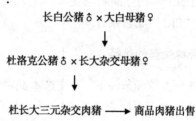

2. 国外猪种和本地猪种的杂交组合

杜长大土体系：是以杜洛克公猪做终端父本，以地方品种猪与大白杂交母猪为母本进行生产的杂交方式。先用大约克公猪（Y）与川白Ⅰ系母猪（Ⅰ）配种，在它们所生的后代中精选优秀的 YⅠ 母猪作为父母代母猪。最后用杜洛克公猪（D）与 YⅠ 母猪配种生产优质三元杂交肉猪。其模式图如下：

大约克♂ × 当地猪♀

↓

杜洛克公猪♂ × 大土杂交母猪♀

↓

杜长大三元杂交肉猪 ⟶ 商品肉猪出售

3. 利用杂种优势建立专门化品系

该品系间的杂交在繁殖力和生长速度上都表现突出。专门化品系的杂交繁育体系，能保持几个系的遗传差异，可以有力地应付在时间上或区域上所出现的产品波动性。

培育专门化综合品系，一般应注意3点：一是母本品系、要突出繁殖性状；二是父本品系要突出早熟性、饲料报酬、产肉力、胴体品质和雄性机能等性状；三是每个专门化品系都要突出一两个重要性状的特点，而且各系间一定无任何血缘关系。

四、繁殖技术

母猪在一定时期内，外部体态和行为发生变化，同时体内卵巢排出卵子的综合过程就叫做发情。若只有外部体态的变化而没有排出卵子，这样称作假发情。发情表现有两个方面：外生殖器的变化和行为的变化。食欲减退，鸣叫不安，爬跨其他猪或去拱其他猪的会阴部，阴门红肿，频频排尿。我国地方品种猪种发情不明显，引进猪种不明显，培育品种处于二者之间。对于那些发情不明显的猪要做到细致观察，可利用压背反射或试情公猪试情。

（一）适龄配种

我国地方品种猪种初情期一般为3月龄、体重20千克左右，性成熟期4～5月龄；外来猪种初情期为6月龄，性成熟期7～8月龄；杂种猪介于上述两者之间。在生产中，达到性成熟的母猪并不马上配种，这是为了使其生殖器官和生理机能得到更充分的发育，获得数量多、质量好的后代。通常性成熟后经过2～3次规律性发情、体重达到成年体重的40%～50%予以配种。母猪的排卵数：青年母猪少于成年母猪，其排卵数随发情的次数而增多。我国地方性成熟早，可在7～8月龄、体重50～60千克配种；国内培育品种及杂交种可在8～9月龄、体重90～100千克配种；外来猪种于8～9月龄、体重100～120千克。（注意：月龄比体重、发情周期（性成熟）比月龄相对重要些）。

（二）适时配种

适时配种是提高受胎率和产仔数的关键，其基本依据是母猪的发情排卵规律。初情期3～6月龄；哺乳期发情时间27～32天；发情周期21（16～24）天；发情持续时间5（2～7）天；发情至排卵时间24～36小时；母猪的排卵过程是陆续的，排卵持续时间5（4～7）小时；卵子保持受精能力时间8～10小时；排卵数15～25个；精子到达输卵管时间2（1～3）小时；精子在输卵管中存活时间10～20小时。

1. 发情判断

开始时，兴奋不安，有时叫鸣，阴部微充血肿胀，食欲稍减退，这是发情开始的表示。之后阴户肿胀较厉害，微湿润，跳栏，喜爬跨其他猪，同时，亦开始愿意接受别的猪爬跨，尤其是公猪，这是交配欲的开始时期。此后，母猪的性欲逐渐趋向旺盛，阴户充血肿胀，渐渐趋向高峰，阴道湿润，慕雄性渐强，见它母猪则频频爬跨其上，或静站处，若有所思，此时若用公猪试情，则可见其很喜欢接近公猪，当公猪爬上其背时，则安定不动，如有人在旁，其臀部往往趋近人的身边，推之不去，这正值发情盛期。过后，性欲渐降，阴户充血肿胀逐渐消退，慕雄性亦

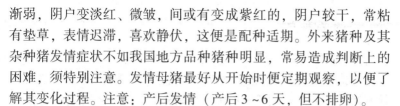

渐弱，阴户变淡红、微皱，间或有变成紫红的，阴户较干，常粘有垫草，表情迟滞，喜欢静伏，这便是配种适期。外来猪种及其杂种猪发情症状不如我国地方品种猪种明显，常易造成判断上的困难，须特别注意。发情母猪最好从开始时便定期观察，以便了解其变化过程。注意：产后发情（产后 3 ~ 6 天，但不排卵）。

2. 排卵时间

母猪的排卵时间多在发情的中、末期，在发情后 24 ~ 36 小时，因此，配种一般不早于发情后 24 小时。一般认为，发情后 24 ~ 36 小时已进入有效受精阶段，为使更多的卵子有受精机会，往往第一次配种后间隔 8 ~ 12 小时还要再配种一次。不同品种、年龄及个体排卵时间有差异。因此，在确定配种时间时，应灵活掌握。

从品种来看，我国地方品种猪种发情持续期较短（多为 4 ~ 5 天），排卵较早，可在发情的第 2 天配种。外来猪种发情持续期较长（多为 5 ~ 6 天），排卵较晚，可在发情的第 3 ~ 4 天配种。杂种猪可在发情后第 2 天下午或第 3 天配。

从年龄来看，外来猪种青年母猪发情持续期比老龄母猪短，而我国地方品种猪种则相反，老母猪发情持续期 3 ~ 4 天，青年母猪发情持续期 6 ~ 7 天，可以在发情后 40 ~ 50 小时配种。由此可见，"老配早，小配晚，不老不小配中间"的配种经验，符合我国猪种的发情排卵规律。从发情表现来看，母猪精神状态从不安到发呆，手按压臀部不动，阴户由红肿到淡红有皱褶，黏液由水样变黏稠时表示已达到适时配种。发情母猪允许公猪爬跨开始为配种适期，完全允许占 60%，不完全占 38%，对逃避者（2%）必须保定后强制配种，在允许公猪爬跨后 25.5 小时以内配种成绩良好，特别是在允许公猪爬跨后 10 ~ 25.5 小时可达100%（日本）。制订每头母猪的发情预测表，经常观察母猪发情症状，接近发情母猪，就能了解允许公猪爬跨时间，测查适时配种期。注意：发情持续期短的排卵稍早，长的稍晚。

（三）配种方式

1. 重复配种

母猪在一个发情期内，用同一头公猪先后配种 2 次。一般在发情开始后 20～30 小时第一次配种，间隔 8～12 小时再配种一次。

2. 双重配种

母猪在一个发情期内，用不同品种的两头公猪或同一品种的两头公猪，先后间隔 10～15 分钟各配种一次。

3. 多次配种

母猪在一个发情期内，间隔一定的时间，连续采用双重配种方式配种几次；或在母猪一个发情期内连续配种 3 次，第一次在发情后 12 小时，第二次为 24 小时，第三次为 36 小时。

实践证明：母猪在一个发情期内采用上述 3 种配种方式，产仔数比单次配种提高 10%～40%。

（四）配种方法

配种方法有自然配种（本交）和人工授精两种（图 2 - 1）。

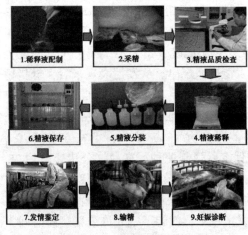

图 2 - 1　人工授精图解

1. 促进母猪发情的技术

在生产实践中，常遇到个别母猪长期不发情或发情持续期较短。究其原因是卵巢发育不全、卵巢囊肿、持久黄体和卵泡发育障碍，统称母猪繁殖障碍综合征。在饲养方面注意供应合理的能量和蛋白质、维生素和矿物质等。

（1）诱导发情。因公猪唾液中含有雄性激素可以诱导母猪发情，对长期不发情母猪，让公猪常和母猪接触，每天接触10～20分钟，在一般情况下长期不发情母猪开始陆续发情。

（2）注射促性腺激素催情。对长期不发情母猪颈部肌肉注射三合激素1～2毫升，注射后经2～3天即可发情，第一次发情配种受胎率50%～60%，第二次发情配种受胎率80%～90%。如果实行诱导发情或注射促性腺激素催情配种仍然不怀孕，母猪应及时处理。

（3）控制膘情。正常情况下，断奶到发情时间的长短主要决定于母猪的膘情好坏和是否存在生殖系统疾病。目前，可以沿着母猪最后肋骨在背中线往下6.5厘米的P_2点的脂肪厚度作为判定母猪标准状况的基准。作为高产母猪应具备的标准体况，母猪在断奶后应为2.5，在妊娠中期应为3，在产子期应为3.5。

母猪体况标准见表2-4和图2-2。

表2-4 母猪体况的判定

评分	体况	$P2$点背膘厚（毫米）	髋骨突起的感触	体型
5	明显肥胖	>25	用手触摸不到	圆形
4	肥	21	用手触摸不到	近乎圆形
3.5	略肥		用手触摸不明显	长筒形
3	正常	18	用手能够摸到	长筒形
2.5	略瘦		手摸明显，可观察到突起	狭长形
1～2	瘦	<15	能明显观察到	骨骼明显突出

哺乳后期泌乳量减少，不要过多地削减精料量，并应多饲喂青饲料，抓好仔猪补料和补水，以减少母猪哺乳的营养消耗，适当提前断奶。

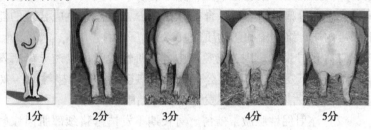

1分　　　2分　　　3分　　　4分　　　5分

图2-2　母猪体况评分

2. 配种操作技术要点

（1）选择个体相近的公、母猪进行交配，配种开始前用消毒药水擦洗母猪外阴和公猪包皮，然后用清水洗净擦干后方可参加配种。

（2）待母猪允许公猪爬跨后6～12小时（后备母猪稍退后）开始第一次配种；间隔8～12小时后再复配一次。针对后备母猪及返情母猪只有特殊情况下，应配种3次，每次间隔12小时。

（3）配种宜在气候凉爽时进行，一般冬天中午配，夏天宜早、晚配。

（4）每次配种，饲养员应尽力协助公猪，使其顺利完成配种，且配种环境应安静。

（5）配种正式交配时间应多于4分钟，低于4分钟无有效射精则应重新配种。

（6）患有生殖器官疾病的母猪或公猪应抓紧治疗或淘汰。没有治疗好之前不可参加配种。

（7）做好后备母猪的发情观察，并做好记录，待到第三次发情时配种最为合适。

（8）初配公猪体重要在120千克以上，月龄在8月龄以上，初配母猪体重达到120千克，月龄在8月以上。

（9）不发情或发情不明显的后备母猪及经产母猪应及时采取综合催情措施，仍不发情者应予以淘汰。

（10）连续发情3次、流产两次或空怀后又配不上种的母猪，经治疗仍配不上者应及时淘汰。

（三）人工授精技术

人工授精是现代畜牧生产中广泛应用的重要技术措施，实践证明，它可以最大限度地利用优秀种公畜，提高畜群质量，减少公畜饲养费用。猪人工授精技术包括采精、精液品质检查、精液的稀释与分装、精液的保存与运输、输精等技术环节。

1. 采精

（1）采精前准备。

①采精场应选择在宽敞、平坦、安静的地方，以室内为宜。

②设定假台畜供公猪爬跨进行采精（假台畜市场有售或按其样本制作均可）。

③一切和精液接触的器皿和用具（如集精瓶、纱布等），必须严格清洗消毒好备用。

④采精前将稀释液配好，置于30℃恒温箱内备用。寒冷季节里集精瓶也要放入恒温箱中预热。

（2）公猪的调教。对于初次用假台畜采精的公猪，必须进行调教，建议调教方法为：在假台畜后涂抹发情母猪的阴道黏液或尿液，引起公猪性欲而诱导其爬跨作，经几次采精后即为调教成功。在作假台畜旁牵一头发情母畜，引起公猪性欲和爬跨后，不让交配而把公猪拉下来，反复数次，待公猪性冲动至高峰时，迅速牵走母猪，诱导公猪直接爬跨假台畜。此样方法，可调教本交公猪。将待调教的公猪拴系在假台畜附近，让其目睹另一头已调教的公猪爬跨台畜，然后诱其爬跨。

（3）采精频率。公猪每次射精排出大量精液，使附睾中贮存的精液排空，而公猪体内精子的再产生与成熟又需要一定时间，因此，采精最好隔日一次，也可以连续采精两天休息一天。青年公猪（1岁）和老年公猪（4岁以上）以后3天采精一次为宜。

（4）采精方法。徒手采精法是目前应用最广泛，效果最好的一种方法。具体操作方法是：采精员右手戴上消毒的乳胶手套，蹲在假台畜左后侧，待公猪爬跨后，用0.1%高锰酸钾溶液将公猪包皮及周围皮肤洗净消毒，并擦干。当公猪阴茎伸出时，即用右手心向下握住公猪阴茎，前端的螺旋部，不让阴茎来回抽动，并顺势小心地把阴茎全部接出包皮外，掌握阴茎的松紧度以不让阴茎滑脱为准，手指有弹性而有节奏调节压力，刺激性欲，并将拇指和食指稍微张开露出阴茎前端的尿道外口，以便精液顺利射出。这时左手持带有过滤纱布的保温的集精杯收集精液。起初射出的精液多为精清，且混有尿液和脏物，不宜收集，待射乳白色精液时，再收集。同时用拇指随时拨除排出的胶状物，以免影响精液过滤。公猪第一次射精停止，再重复上述手法使公猪第二、第三次射精，直无射完为止。待公猪射完精后，采精员顺势用手将阴茎送入包皮中，并把公猪慢慢地从假台畜上赶下来。采集的精液应迅速放入30℃的保温瓶或恒温水浴锅中，以防温度变化。

2. 精液品质的检查

（1）射精量。猪的射精量平均为250毫升，范围是150~500毫升，每次射出的精子总数200亿~800亿。射精量可以以集精瓶的刻度上直接读出。

（2）颜色和气味。正常的公猪精液颜色是乳白色或灰白色，具有一种特殊的腥味。精液乳白程度越浓，表明精子数量越多，颜色和气味异常的精液不宜使用。

（3）pH值。公猪精液正常的pH值为6.8~7.8，呈弱碱性，微咸。可用pH试纸进行测定。

（4）精子密度。指每毫升精液中所含的精子总数。猪的精子密度比较稀，平均每毫升1亿~2亿，因估测法在显微镜下观察，根据视野内精子分布情况评为密、中、稀三级。密：精子密集，精子间的距离小于 1 个精子（每毫升约 3 亿）；中：精子间能容纳 1 ~ 2 个精子（每毫升约 2 亿）；稀：精子间距很大，能容纳 2 个以上精子（每毫升约 1 亿）。精子密度比较精确的检查方法是用血球计数器来计数。

（5）精子活力。指精子的运动能力，用镜检视野中呈直线运动的精子数占精子总数的百分比来表示。检查方法是：取一滴精液在载玻片上，盖上盖玻片，使精液内无气泡，然后放在显微镜下放大 150 ~ 200 倍，计算一个视野中呈直线运动的精子数目来评定等级。一般分为 10 级，100% 的精子都是直线运动的为 1.0 级，90% 为 0.9 级，80% 为 0.8 级，依此类推。活力在 0.5 级以下的精液不宜使用。检查时环境温度宜在 37 ~ 38℃，通常在保温木箱中进行，内装 15 ~ 25 瓦的灯炮。精子活力是精液检查的主要指标，应于采精后、稀释后、输精前分别做出检查。

（6）畸形精子率。正常精子形似长蝌蚪，凡精子形态为卷尾、双尾、折尾、大头、小头、长头、双头、大颈、长颈等均为涂在载玻片上，干燥 1 ~ 2 分钟后，用 95% 的酒精固定 2 分钟，用蒸溜水冲洗。干燥片刻后，用美蓝或红蓝黑水染色 3 分钟，再用蒸溜水冲洗，干燥后即可镜检。镜检时，通常计算 500 个精子中的畸形精子数，求其百分率。一般猪的畸形精子率不能超过 18%。

3. 精液的稀释、标记与分装

精液稀释液应当天用当天配，隔天不得再用，建议配方：

配方 1：鲜奶或奶粉稀释液。将新鲜牛奶通过 3 ~ 4 层纱布，过滤两次，装在三角烧瓶或烧杯内，放在水锅里煮沸消毒。10 ~ 15 分钟后取出，冷却后，除出浮在上面的乳皮，重复二到三次即可使用。奶粉稀释液配制方法同上，按 1 克奶粉加水 10 毫升的比例配制。

配方 2：糖－柠－卵稀释液。即取食用蔗糖 5 克，柠檬酸钠

0.3 克，加蒸馏水到 100 毫升，煮沸消毒。冷却，取上述溶液 97 毫升，加入新鲜鸡蛋黄 3 毫升，充分混合后待用。

配方 3：葡萄糖稀释液。取无菌水，葡萄糖 5 克，柠檬酸钠 0.3 克，乙二胺四乙酸二钠 0.1 克，加蒸馏水到 100 毫升。

上述各种稀释液，在稀释时按每毫升加入青霉素 200 单位和链霉素 200 微克。市场也有销售好的成品稀释剂，用时只用按其说明和比例加入蒸馏水即可。

稀释倍数主要根据精液的精子密度而定，一般为 2～3 倍，通过稀释后，每毫升应含的精子数不低于 0.4 亿个。稀释精液时，应测量原精液的温度，调整稀释液的温度，使两者温度差不超过 2℃，然后慢慢调整稀释液沿瓶壁倒入精液瓶内，轻轻地搅拌混匀。

不同品种猪的精液加不同颜色的无毒色素，以标记品种。建议杜洛克加红色，大约克夏加绿色，长白加黄色，地方品种无色。

稀释的精液需检查精子活力，若证明稀释的过程没问题，可以进行分装。用消毒过的漏斗把稀释后的精液分装入贮精瓶内，每瓶装 20 毫升或 25 毫升，装完后用瓶塞加盖，贴上标签，标明公猪号、采精时间、精液数量等等，再用白蜡加封瓶口，分装使用或进行贮藏。

4. 精液的保存与运输

（1）精液的保存方法。常用的有常温保存和低温保存两种。常温保存指在 15～20℃ 室温下保存精液，一般可保存 2～3 天。方法是：将分装好的贮精瓶装在塑料袋里，浸在冷水中每天换水一次，或放入广口保温瓶中，用胶皮管通入不断循环的自来水，获得较好的常温恒温效果；或把包装好的精液放在塑料桶内，系上绳子深入水井或地窖保存精液。低温保存方法是：把分装好的贮精瓶用纱布包裹好，放入冰箱底层，等 5～10 分钟后移入冰箱中层保存。在没有冰箱设备的地方可用广口瓶（冰壶）装入冰块作冰源泉,将包裹好的贮精瓶放入广口保温瓶,定期倾去瓶内融化的冰水,添加冰块,保持恒温。在冰源缺乏的条件下,可用食盐10克溶解于1 500毫升冷水中,加入氯化铵400克,配好后装入保温瓶中,温度可降到2℃左右,造成低温条件保存精液。

(2)精液运输是地区之间交换精液。扩大良种公猪利用率、加速猪种改良、保证人工授精顺利进行的必要环节。精液运输与精液保存条件一致,切忌温度发生剧烈变化并防止运输过程中振荡造成精子死亡。可用广口瓶或疫苗贮运箱(盒)运输精液,运输时间尽可能缩短。

5. 输精

(1)输精器具。经过消毒的30~50毫升玻璃注射器,猪用输精管,纱布。

(2)输入精液的质量。办理输精前,应对保存后的稀释精液进行品质检查,精子活力不低于0.5级的精液方可用来输精。输精时精液温度要求为35℃,保存的精液需逐步缓慢升温。

(3)输精操作。先用自来水清洗母猪阴部,最好再用高锰酸钾溶液消毒一下,将输精管涂以少许稀释液或精液使之润滑,将输精管先稍斜向上方,然后水平方向插入猪阴户,边旋转边插入待遇到阻力后,稍停顿,轻轻刺激子宫颈10~20秒,可感觉到子宫颈口已开张,输精管可继续向内深入,直至插入子宫颈内不能前进为止,然后向外拉动一点,输精员右手持注射器,缓慢将精液注入子宫内。输完后缓慢抽出输精管,并用手掌按压母猪腰荐结合部,防止精液倒流。输精后,可使母猪缓慢行走,防止排尿,赶回圈舍休息1小时后可喂食。一般母猪一个情期应输精两次,输精量为每次20~25毫升,每次输入精子数不少于8亿个,两次间隔8~12小时。输精后,应立即填写配种记录,做好配种卡片。

五、优良种猪、商品仔猪的选择

（一）种母猪的挑选

1. 体型

猪的外观上，身体不能过于前倾或后仰，否则导致足垫受力不均，造成足垫磨损、关节发炎或肿胀而导致瘸腿。那些行动不便、走路时背部大幅度摇摆、两腿间距较小、站立异常的猪不能选作后备母猪。应选留行走自如，走路时两腿间距足够宽，背部强壮，骨架宽（器官和肌肉空间大），后驱轻微倾斜的猪。另外还要考虑不同品系的品种特征进行选种。

2. 生长速度

生长速度也应作为选留后备母猪的重要指标之一，要选留那些在窝内生长速度处于前75%、被毛光亮、精神状态好的猪。资料证明生长速度在窝间处于后25%的猪更容易出现初次发情日龄偏大、配种困难和生产性能偏低等问题。

3. 肢、蹄、趾

生产中因只肢、蹄、趾问题而导致母猪淘汰的比例较高，大占母猪淘汰总数的10%～15%，尤其对于第一胎的母猪因肢、蹄、趾问题而导致淘汰的母猪所占比例更高。因此，不能将外观表现为八字腿、蹄裂、鸽趾和鹅步的猪留作后备母猪，而要选足垫着地面积大且有弹性的猪，这样的猪容易起卧，走路灵便。趾要大且均匀度高，两趾的大小相差1.5厘米或以上时不适合留作后备母猪。当两趾大小不一致或趾与趾间缝隙过小时，随年龄的增长会加大蹄裂的风险和足垫的损伤，两趾要很好的往两边分开，以便更好的承担体重。

4. 乳头

理想的后备母猪每侧至少有6个或更多有功能的乳头。乳头分布要均匀，间距匀称，发育良好。没有瞎乳头、凹陷乳头或内翻乳头，乳头所在位置没有过多的脂肪沉积，而且至少要有 2～3 对乳头分布在脐部以前且发育良好，因为前 2～3 对乳头的发育状况很大程度上决定了母猪的哺乳能力。

5. 外生殖器

阴户发育好且不上翘。小阴户、上翘阴户、受伤阴户或幼稚阴户不适合留作后备母猪，因为小阴户可能会给配种尤其是自然交配带来困难，或者在产房造成难产，上翘阴户可能会增加母猪感染子宫炎的概率；受伤阴户即使伤口能恢复愈合仍可能会在配种或分娩过程中造成伤疤撕裂，为生产带来困难；幼稚阴户多数是体内激素分泌不正常所致，这样的猪多数不能繁殖或繁殖性能很差。

（二）种公猪的挑选

1. 体型外貌

要求头和颈较轻细，占身体的比例小，胸宽深，背宽平，体躯要长，腹部平直，肩部和臀部发达，肌肉丰满，骨骼粗壮，四肢有力，体质强健，符合本品种的特征。

2. 繁殖性能

要求生殖器官发育正常，有缺陷的公猪要淘汰；对公猪精液的品质进行检查，精液质量优良，性欲好，配种能力强。

3. 生长肥育性能

要求生长快，一般瘦肉型公猪体重达 100 千克的日龄在 170 天以下；耗料省，生长育肥期每千克增重的耗料量在 2.8 千克以下；背膘薄，100 千克体重测量时，倒数第三到第四肋骨离背中线 6 厘米处的超声波背膘厚在 15 毫米以下。

（三）商品仔猪的选择

1. 选择仔猪时应选体重大的，俗话说："出生大一两，断奶大一斤（1 斤 = 0.5 千克。全书同），同期出栏大数十斤。"

2. 体质健壮，行动活泼，尾巴摆动有力。凡是头大臀尖，腹部膨胀的仔猪，多为早期营养不良，生长发育受阻，或患过疾病（如白痢）的仔猪，这种猪的肥育效果不好。

3. 看仔猪的眼睛是否有神，猪尾巴是否有稀粪。赶猪行走，看仔猪是否咳嗽。

4. 健康仔猪毛光亮、皮毛干净。

5. 活泼的仔猪，典型表现为尾巴左右摆动不停。尾巴下垂、细而长的仔猪都长得慢，而且有病。

模块三 饲料配制及使用

一、猪在不同生产阶段的营养需要

猪所需要的营养物质是粗蛋白、碳水化合物、脂肪、维生素、矿物质（包括常量元素和微量元素）和水。这些物质中任何一种缺乏都会严重影响猪的生长发育速度及健康状况。在放养条件下，猪可以通过采食青饲料、泥土等形式获得少部分矿物质、维生素，但在规模化圈养时，除水外，这些养分必须通过饲料获得。

在配合饲料中，通常使用的玉米、豆粕、麸皮等"大料"主要提供粗蛋白、碳水化合物和脂肪，而维生素和矿物质必须在预混料中额外添加才能得到满足。

（一）母猪的营养特点

供给合适的营养水平是确保母猪高繁殖力的基础。母猪通过胎盘和乳汁供给仔猪营养，合适的养分摄入可确保仔猪健康快速成长。

母猪营养突出特点是"低妊娠高泌乳"。妊娠期供给相对低的营养水平，以防母猪出现过肥而难产、奶水不足、压死仔猪增加、断奶后受孕率下降等情况；妊娠阶段一般都实行限饲的饲喂方法。

泌乳期的母猪需要高的营养水平以供给不断生长的仔猪，而且也使其在断奶后体重不至于减少太多，以利于尽快发情配种。这个阶段饲粮要求消化能达到 3 200 千卡/千克，粗蛋白至少达到 15% 以上。

（二）乳、仔猪的营养特点

乳、仔猪的营养是所有阶段猪最复杂的。营养供给不合理的直接后果是猪只生长缓慢、腹泻率高、死亡率高，进而使中大猪阶段生长缓慢，延长出栏时间。

新生仔猪消化系统发育尚不完善，消化酶分泌能力弱，只能消化母乳中乳脂、乳蛋白和碳水化合物，直接供给以玉米、豆粕为主的全价配合饲料，容易引起仔猪腹泻。仔猪腹泻分营养性腹泻和病菌性腹泻两种，刚断奶仔猪的腹泻，往往是营养性腹泻。导致仔猪营养性腹泻的机理是：仔猪对全价配合饲料的消化率低，大量未消化的碳水化合物进入大肠，大肠中大量微生物借助这些碳水化合物迅速繁殖，微生物发酵会产生大量的挥发性脂肪酸和其他渗透活性物质，打破了肠壁细胞的内外渗透平衡，水分从细胞内渗透到肠道中，增加了肠内容物的水分含量，导致腹泻。在此过程中，豆粕所含的大豆抗原可引起仔猪肠道的过敏性反应，加剧腹泻。因为上述原因，乳、仔猪饲粮中需要使用易消化的原料，如乳清粉、喷雾干燥血浆蛋白粉、膨化大豆等，同时，需添加助消化的酸制剂、酶制剂等。

（三）后备公猪

后备公猪和后备母猪基本相似，必需自由采食，当体重大约100千克时选为种用，以便可以评定其潜在的生长速度和瘦肉增重。这些猪选为种用后，应限制能量摄入量，以保证其在配种时具有理想的体重。

在后备公猪发育期间，蛋白质摄入不足会延缓性成熟，降低每次射精的精液量，但是，轻微的营养不足（日粮粗蛋白水平12%）所造成的繁殖性能的损伤可很快恢复。

（四）种公猪

合理的营养水平，是公猪配种能力的主要影响因素。公猪的性欲和精液品质与营养，特别是蛋白质的品质有密切关系。种公猪的能量需要分为两个时期：非配种期和配种期。非配种期的能量需要为维持需要的 1.2 倍，配种期的能量需要为维持需要的 1.5 倍。种公猪精液干物质的主要成分是蛋白质，其变动范围是 3%~10%。在大规模饲养条件下，种公猪饲喂锌、碘、钴、锰对精液品质有明显提高作用。

在实际生产中，公猪是种猪群的重要组成部分，但经常被生产者忽略。种公猪理想的繁殖性能具有很重要的价值，因为相对较小数量的种公猪要配相当大数量的母猪。一些研究已经确定了种公猪的营养需要，但这些推荐是建立在良好的圈舍和环境条件基础上的。下面是种公猪日粮的安全临界：蛋白质 13%、赖氨酸 0.5%、Ca 0.95%、P 0.80%。

应根据公猪的类型、负荷量、圈舍和环境条件等来评定猪群，特殊条件下应当对营养作适当的改动。饲养种公猪能够保持其生长和原有的情况即可，不可使其过肥。应保持成年种公猪较瘦，而能积极正常工作的状态。过于肥胖的体况会导致种公猪性欲下降，可能产生肢体病。每天单独饲喂公猪两次，每天饲料摄入量 2.3~3.0 千克，全天 24 小时提供新鲜的饮水。

配种公猪能量需要量是维持配种活动、精液生成、生长需要的总和。根据配种公猪每次射出精液的平均能量含量（62 千卡 DE）及能量利用率的估计值（0.60），估测了精液生成所需能量，即每次射精的能量需要为 103 千卡 DE。

蛋白质摄入不足会降低公猪的精液浓度和每次射精的精液总数，而且降低性欲和精液量。每天提供 360 克蛋白质和 18.1 克总赖氨酸的日粮（蛋白质 15.3% 和赖氨酸 0.83%），可维持公猪良好的性欲和精液特性。为避免体重过度增加，通常对成年公猪的采食量进行限制。

（五）生长育肥猪的营养需要

生长育肥猪的经济效益主要是通过生长速度、饲料利用率和瘦肉率来体现的，因此，要根据生长育肥猪的营养需要配制合理的日粮，以最大限度地提高瘦肉率和肉料比。

动物为能而食，一般情况下，猪日采食能量越多，日增重越快，饲料利用率越高，沉积脂肪也越多。但此时瘦肉率降低，胴体品质变差。蛋白质的需要更为复杂，为了获得最佳的肥育效果，不仅要满足蛋白质量的需求，还要考虑必须氨基酸之间的平衡和利用率。能量高使胴体品质降低，而适宜的蛋白质能够改善猪胴体品质，这就要求日粮具有适宜的能量蛋白比。由于猪是单胃杂食动物，对饲料粗纤维的利用率很有限。研究表明，在一定条件下，随饲料粗纤维水平的提高，能量摄入量减少，增重速度和饲料利用率降低。因此猪日粮粗纤维不宜过高，肥育期应低于8%。矿物质和维生素是猪正常生长和发育不可缺少的营养物质，长期过量或不足，将导致代谢紊乱，轻者增重减慢，严重的发生缺乏症或死亡。生长期为满足肌肉和骨骼的快速增长，要求能量、蛋白质、钙和磷的水平较高，饲粮含消化能 12.97 ~ 13.97 兆焦/千克，粗蛋白水平为 16% ~ 18%，适宜的能量蛋白比为188.28 ~ 217.57 粗蛋白克/兆焦 DE，钙 0.50% ~ 0.55%，磷0.41% ~ 0.46%，赖氨酸 0.56% ~ 0.64%，蛋氨酸 + 胱氨酸0.37% ~0.42%。肥育期要控制能量，减少脂肪沉积，饲粮含消化能 12.30 ~12.97 兆焦/千克，粗蛋白水平为 13% ~15%，适宜的能量蛋白比为 188.28 粗蛋白质克/兆焦 DE，钙 0.46%，磷0.37%，赖氨酸 0.52%，蛋氨酸 + 胱氨酸 0.28%。

二、饲料原料及主要营养成分

美国学者 L. E. Harris（1956）根据饲料营养特性将饲料分为八大类。分类原则：以饲料干物质的主要营养特性为基础（水分、粗纤维、蛋白质），能更准确反映各类饲料的营养特性及在畜禽饲粮中的地位。六位数编码体系：IFN 0 – 00 – 000。首位数代表饲料归属的类别，后 5 位数根据饲料的重要属性给定。第一节一位数，代表 8 大类中一种；第二节二位数，代表大类下面的亚类；第三节三个数，代表亚类下面的第某号饲料。例如：2 – 03 – 105。

（一）粗饲料（1 – 00 – 000）

饲料干物质中粗纤维含量大于或等于 18（CF ≥ 18% DM），以风干形式饲喂的一类饲料。常见的有干草和农作物秸秆等。

（二）青绿饲料（2 – 00 – 000）

天然植物中水分含量大于 60%（$H_2O > 60\%$）的一类饲料，饲喂方式为鲜喂或放牧。包括：青绿多汁饲料、叶类饲料、非淀粉块根块茎、瓜果等。

（三）青贮饲料（3 – 00 – 000）

以新鲜植物为原料，在厌氧的条件下，经微生物发酵制成的饲料。

（四）能量饲料（4 – 00 – 000）

饲料干物质中粗纤维含量小于 18%、粗蛋白质的含量小于 20%（CF < 18% DM、CP < 20% DM）的一类饲料。主要是谷物、糠麸、淀粉质的块根块茎等。

（1）玉米：玉米的代谢能为 14.06 兆焦/千克，高者可达 15.06 兆焦/千克，是谷实类饲料中最高的。这主要由于玉米中粗纤维很少，仅 2%；而无氮浸出物高达 72%，且消化率可达 90%；另一方面，玉米的粗脂肪含量高，在 3.5% ~ 4.5%。

（2）稻谷：南方产稻区可采用稻谷喂猪，稻谷含淀粉多，稻谷的外壳由坚实的粗纤维组成，粗纤维含量高达 10% 左右，所以能量较低，与大麦的能量近似，为玉米的 85%，将外壳分出的糙米则能量高。用稻谷喂猪可获得良好的胴体。

（3）小麦：与玉米相比，含代谢能稍低一些。但粗蛋白质含量高，15.9% 左右；脂肪含量低，1.7% 左右。粗纤维 2.7%，淀粉 56%，消化能 3 300 千卡/千克，净能 2 460 千卡/千克。

（4）麦麸：麦麸也是一种能量饲料，同时还含有较高的蛋白质。因为纤维含量较高，仔猪用量较少，中、大猪和繁殖母猪用量较多。

（5）酒糟：风干酒糟干物质 90.7%、CP 11.9%、CF 24.4%、Ca 0.32%、P 0.28%、总能 3.92 兆卡/千克、DE（猪）1.9 兆卡/千克、DCP（猪）63 克/千克。湿酒糟干物质 32.5%、CP 7.5%、CF 5.7%、Ca 0.319%、P 0.2%、总能 1.49 兆卡/千克、DE（猪）0.81 兆卡/千克、DCP（猪）60 克/千克。酒糟烘干直接作饲料，粗纤维含量高于 20% 以上，属于粗饲料，只能在猪日粮中控制使用，否则会影响日粮中其他饲料的营养价值。

（6）米糠：是糙米加工成白米时的副产物。含代谢能 11.21 兆焦/千克左右，粗蛋白质 14.7% 左右，米糠中含油量很高，可达 16.5%。故久贮易变质。因此，必须用新鲜米糠配料。一般在饲粮中米糠用量可占 5% ~ 10%。

（五）蛋白质饲料（5 - 00 - 000）

饲料干物质中粗纤维含量小于 18%、粗蛋白质含量大于或等于 20%（CF < 18% DM、CP ≥ 20% DM）的一类饲料。主要是豆

类及其饼粕、动物性饲料及其他。

1. 豆粕

豆粕是饼粕类饲料中最好的蛋白质饲料，蛋白质含量40% ~ 45%，且氨基酸组成好，赖氨酸含量高。豆饼与豆粕相比，能量稍高而蛋白质偏低，同样是较好的蛋白饲料。高粱中含能量与玉米相近，但含有较多的单宁，使味道发涩，适口性差，饲喂过量还会引起便秘。一般在饲粮中用量不超过10% ~ 15%。

2. 棉粕、菜粕、花生粕

都是蛋白饲料。蛋白质含量分别在43%，38%和44%左右；但棉粕和菜粕粗纤维含量和抗营养物质含量高，乳猪饲料一般不用，中大猪饲料中用量常在8%以下。花生粕易发霉产生毒素，用时应注意。

3. 玉米蛋白粉

蛋白含量高，含氨基酸丰富，在豆饼、鱼粉短缺的饲料市场中可用来替代豆饼、鱼粉等蛋白饲料。玉米蛋白粉蛋白质营养成分丰富，不含有毒有害物质，不需进行再处理，可直接用作蛋白原料，是饲用价值较高的饲料原料。玉米蛋白粉的蛋白含量高低与猪的表观消化能值直接相关，能量与蛋白比例适宜或必需氨基酸与非必需氨基酸较平衡的原料有较高的能量消化率。在猪的基础饲料中添加蛋白含量不同的玉米蛋白粉（CP：52%东北产，47.4%、32%北京产），添加重分别为20%、25%、30%，测定猪的消化能，试验结果表明，含32%粗蛋白的玉米蛋白粉表观消化能较高。

4. 鱼粉

鱼粉是一种优良的动物蛋白饲料。国产鱼粉蛋白含量50%以上，进口鱼粉60%以上，其他的营养物质含量也较高。由于价格较贵，用量在1% ~3%。购买时要防止掺假。

5. 肉骨粉

是一种从动物组织中剔除了脂肪，油脂或其他成份之后留下的全部或部分剩余物。最低含 4.0% 的磷（P），钙（Ca）的含量不超过实际磷（P）含量的 2.2 倍。其中胃蛋白酶难以消化的残渣不超过 12%，胃蛋白酶难以消化的产品中的粗蛋白不超过 9%。肉骨粉的脂肪含量在 8%～12%。肉骨粉中含硫氨基酸的消化率与鱼粉中含硫氨基酸的消化率差别较大，而其他氨基酸的消化率比鱼粉低，但肉骨粉的色氨酸消化率略高于鱼粉。

6. 血粉

是一种非常规动物性蛋白质饲料原料，蛋白质含量高于鱼粉和肉粉，达 80%～95%。血粉中含有丰富的氨基酸，其中赖氨酸的含量居所有天然饲料之首，达 7%～8%，约为鱼粉的 179%；亮氨酸和缬氨酸含量分别为鱼粉的 265% 和 279%；相对而言，精氨酸和蛋氨酸含量低，异亮氨酸含量更低，几乎为 0；血粉含有丰富的免疫球蛋白，能提高动物抗病能力，减少腹泻等疾病的发生；其含有多种矿物质元素，包括钠、钴、锰、铜、磷、铁、钙、锌和硒等，其中，含铁量在所有饲料中最丰富，约为 3 000 毫克/千克，而鱼粉中仅含 2 300 毫克/千克；钙和磷含量相对较低。另外，其中，还含有可帮助消化的多种酶类及维生素，包括维生素 A、维生素 B_2、维生素 B_6 和维生素 C 等。

7. 羽毛粉

粗蛋白含量一般在 70%～80%，粗脂肪含量 1.2%，粗灰分10.2%，钙 0.04%，磷 0.12%，总能量 19.6 兆焦/千克，消化能14.5 兆焦/千克，代谢能 13.1 兆焦/千克，并含有常量元素、微量元素。猪饲料可添加 5%～7%。

（六）矿物质饲料（6 – 00 – 000）

天然或化工合成的矿物盐及经处理的动物产品。如石粉、骨粉、贝壳粉、磷酸氢钙、食盐、小苏打、沸石粉、饲用微量元素等。

（七）维生素饲料（7－00－000）

工业合成或提纯的单一或复合的维生素制剂，不包括富含维生素的天然青绿饲料在内。

（八）饲料添加剂（8－00－000）

用于强化饲料饲养效果，有利于配合饲料生产和贮存而加入到饲料中的少量或微量营养或非营养性物质。

三、饲料选购及配制

（一）预混料

预混料是添加剂预混合饲料的简称，它是将一种或多种微量组分（包括各种微量矿物元素、各种维生素、合成氨基酸、某些药物等添加剂）与稀释剂或载体按要求配比，均匀混合后制成的中间型配合饲料产品。预混料是全价配合饲料的一种重要组分。预混料再加上蛋白质饲料和能量饲料就配合成了全价饲料。所以，按照厂家说明自己添加玉米、麸皮（米糠），再添加一定比例的蛋白质饲料就可以饲喂。有时还会应养殖户要求或生产情况，加入少量的预防药物，如中草药等。

1. 营养性饲料添加剂

氨基酸添加剂主要包括赖氨酸、蛋氨酸、色氨酸和苏氨酸。赖氨酸是猪饲料中第一限制性氨基酸，通常动物性蛋白质饲料和豆饼、粕饲料都富含赖氨酸，而植物蛋白质饲料的赖氨酸含量较低，在缺乏动物性蛋白的饲料和豆饼、粕饲料中必须加赖氨酸平衡饲料中氨基酸的营养，以提高饲养效果。我国的蛋白质饲料绝大多数为植物蛋白饲料，缺乏蛋氨酸。添加适量的蛋氨酸，可以平衡饲料的营养水平，促进猪的生长和减少猪的脂肪沉积。通常在饲料中，添加氨基酸是人工合成的蛋氨酸，其与动物机体天然存在蛋氨酸的效价相等，添加到日粮中的蛋氨酸，原则上只补充日粮中蛋氨酸的不足部分。蛋氨酸和胱氨酸都是含硫氨基酸，猪的需要常用蛋氨酸和胱氨酸来表示。色氨酸也属于最易缺乏的限制性氨基酸，在肉粉、肉骨粉、玉米中色氨酸含量较低，仅能满足猪需要量的 60%～70%，在日粮中应补充色氨酸。色氨酸通常在大豆饼（粕）中含量较高，在饲料配比中可适当增加大豆饼的比重，也可直接添加色氨酸。苏氨酸是一种必需氨基酸，也是仔猪生长阶段的一种限制性氨基酸。在低苏氨酸含量的日粮中，只要苏氨酸水平达到 0.66%～0.67%，即使在无鱼粉、豆饼粕的条件下，也能获得较好的饲养效果。维生素添加剂。猪对维生素的需要量极少，但其作用效果极为显著。在集约化饲养条件下，采食高能、高蛋白的配合词料，以及猪的生产性能高时，对维生素需要量要比正常需要量大一倍左右。而且大多数维生素都不能在猪体内合成，即使有某些维生素在猪体内可以合成，也往往因合成速度太慢太少而不能满足猪的需要，必须在饲料中添加多种维生素。常用的维生素有水溶性维生素，如烟酸、泛酸、氯化胆碱、维生素 C 等和脂溶性维生素，如维生素 A、维生素 D、维生素 E 等，现在常使用复合维生素添加剂。

2. 非营养性添加剂

抑菌促生长剂和驱虫保健剂。主要是指抗生素药物，其主要用于促进生长，提高饲料效率、保持稳定的生产能力和控制疾病感染。在猪的日粮中最常用的抗生素有杆菌肽锌、土霉素和泰乐菌素等。驱虫保健药物有盐霉素、莫能菌素、氯苯胍等，对使用年龄、对象，在饲料中的添加量等都作了明确规定。

抗氧化剂和防霉剂。饲料保存不当时会变质，降低饲料的营养价值，影响饲料的适口性，甚至产生有毒物质，直接危害猪的健康。为使饲料质量在贮存期中不受影响，饲料中的维生素、脂肪酸等养分不受氧化破坏，并防止饲料在不良环境中发霉变质，可使用饲料抗氧化剂和防霉剂。常用的抗氧化剂有山道喹、丁基化羟基甲苯、丁基化羟基甲氧基苯、维生素 E 和维生素 C 等。常用的防霉剂多为有机酸和有机酸盐类，如丙酸、甲酸钙、丙酸钙、酒石酸和柠檬酸等。

预混料占全价配合饲料比例很小，一般为 1% ~ 6%，价格相对便宜；利润相对大一点，自己配制能保证玉米豆粕等新鲜；质量更好些。

预混料在饲料中所占比例很小，直接混合很难搅匀，不均匀可能导致中毒（应先将添加剂预混料混于少量饲料中，逐步扩大混合量，从而达到均匀搅拌的目的）；预混料是粉料，饲喂时会有粉尘吸入，造成猪病增多，需拌水，劳动量大，造成劳动成本增加。食料槽太细则不下料，太粗了饲喂效果则太好；预混料需要库存原料，加大了资金投入，降低了资金利用率。

（二）浓缩料

浓缩料就是俗语中的精料，又称为蛋白质补充饲料。按照饲养标准，把各种蛋白质原料（如鱼粉、豆粕）与矿物质饲料（骨粉石粉等）及添加剂预混料配制而成的配合饲料半成品。需再掺入一定比例的能量饲料（玉米、高粱、大麦等）就成为满足动物营养需要的全价饲料，它一般占全价配合饲料的 20% ~ 30%，不需要再添加其他添加剂。

浓缩料一般要求粗蛋白在 30% 以上，矿物质和维生素含量也高于猪需要量的 3 倍以上，因此不能直接投喂，以防中毒，必须按一定比例与能量饲料互相配合混合均匀后饲喂，这样才能发挥浓缩饲料的真正效果和作用。饲喂时应当采用生干料拌湿后饲喂，供足清洁卫生的饮水，不要喂稀料，更不要煮熟后饲喂。

浓缩料成本和预混料比起来要高 0.2 ~ 0.4 元/千克，蛋白含量因为添加的豆粕不够有所偏低。

（三）全价料

全价料是营养价值全面的配合料，由蛋白质饲料（如鱼粉、豆类及其饼粕等）、能量饲料（如玉米、麦麸等）、粗饲料（仅在低标准配合料中使用）和添加剂（除去粮食及其副产品以外的添加物叫添加剂）四部分组成的配合料。组分比例最大的是能量饲料，占总量的55%~75%，其次是蛋白质饲料，占总量的20%~30%，再次是矿物质营养物质，一般≤5%，其他如氨基酸、维生素类和非营养性添加物质（保健药、着色剂、防霉剂等）一般≤0.5%可以直接用来饲喂。

全价料为颗粒料，浪费较粉料要小，效果也好；全价料配方更科学，把各种原料按一定比例混合，以达到合理利用各种原料营养成分的目的；全价料直接用来饲喂方便，节省了劳动成本；全价料水分含量较低，便于储存；另外，全价料一般经过高温制粒和适度膨化后，能最大限度改善饲料的利用率，大幅度提高饲料在猪体内的消化吸收。

全价料成本高，和预混料相比，要高0.4~0.8元/千克；因为看不到饲料的组成成分（部分厂家为降低饲料成本，用小麦代替玉米作为能量饲料）；经70~90℃制粒，会破坏维生素（50%左右），酸、酶制剂活性减少80%左右，木聚糖酶减少90%。

小猪消化系统不甚完善，用全价料能促进小猪的消化，减少腹泻，为快速生长打下良好的基础。中猪用预混料、浓缩料、全价料都可以，效果都不错，而且可以随时拌药，预防生病。大猪期最好用浓缩料或全价料，因为大猪食量大，劳动强度大，建议用全价料省工省力，一人可以管理多头，以创造更多的利润。当然可因地制宜，根据当地情况还有猪场的实际情况而定。目前，养猪形势不太乐观，正处于养猪业的低谷阶段。管理好的猪场，多少有些利润，合理选择饲喂方式和管理行为，才能最大限度增加利润。

（四）选择注意事项

1. 有产品标签，标签内容应包括产品名称、饲用对象、产品登记号或批准文号、饲料主要原料类别、营养成分分析保证值、用法与用量、净重、生产日期、厂名和厂址等。

2. 有产品说明书，内容包括推荐饲喂方法、预计饲养效果、保存方法及注意事项等。

3. 必须有产品合格证，证上必须加盖检验人员印章和检验日期。

4. 有注册商标，并应标注在产品标签、说明书或外包装上。

5. 看原料色泽，根据原料的色泽可大概判断饲料是否稳定，但色泽不是决定饲料好坏的唯一标准，看看色泽是否一致均匀，颗粒度是否均匀，有否结块、发霉现象。

6. 闻气味，是否有发霉油脂哈喇味、酒糟味、氨气味（尿素等非蛋白氮形成的）及其他异味。

7. 正规饲料香甜可口，不刺喉咙，不苦，无异味。

（五）常见原料的感官识别方法

1. 玉米

（1）观察其颜色：较好的玉米呈黄色且均匀一致，无杂色。

（2）随机抓一把玉米在手中，嗅其有无异味，粗略估计（目测）饱满程度、杂质、霉变、虫蛀粒的比例，初步判断其质量。随后，取样称重，测容重（或千粒重），分选霉变粒、虫蛀粒、不饱满粒、热损伤粒、杂质等异常成分，计算结果。玉米的外表面和胚芽部分可观察到黑色或灰色斑点为霉变，若需观察其霉变程度，可用指甲掐开其外表皮或掰开胚芽作深入观察。区别玉米胚芽的热损伤变色和氧化变色，如为氧化变色，味觉及嗅觉可感氧化（哈喇）味。

（3）用指甲掐玉米胚芽部分，若很容易掐入，则水分较高，若掐不动，感觉较硬，水分较低；感觉较软，则水分较高。也可用牙咬判断。或用手搅动（抛动）玉米，如声音清脆，则水分较低，反之水分较高。

2. 豆粕

（1）先观察豆粕颜色，较好的豆粕呈黄色或浅黄色，色泽一致。较生的豆粕颜色较浅，有些偏白，豆粕过熟时，则颜色较深，近似黄褐色（生豆粕和熟豆粕的脲酶均不合格）。再观察豆粕形状及有无霉变、发酵、结块和虫蛀并估计其所占比例。好的豆粕呈不规则碎片状，豆皮较少，无结块、发酵、霉变及虫蛀。有霉变的豆粕一般都有结块，并伴有发酵，掰开结块，可看到霉点和面包状粉末。其次判断豆粕是否经过二次浸提。二次浸提的豆粕颜色较深，焦糊味也较浓。最后取一把豆粕在手中，仔细观察有无杂质及杂质数量，有无掺假（豆粕主要防掺豆壳、秸秆、麸皮、锯木粉、砂子等物）。

（2）闻豆粕的气味，是否有正常的豆香味，是否有生味、焦糊味、发酵味、霉味及其他异味。若味道很淡，则表明豆粕较陈。

（3）咀嚼豆粕，尝一尝是否有异味，如生味、苦味或霉味等。

（4）用手感觉豆粕水分。用手捏或用牙咬豆粕，感觉较绵的，水分较高；感觉扎手的，水分较低。两手用力搓豆粕，若手上粘有较多油腻物，则表明油脂含量较高（油脂高会影响水分判定）。

3. 菜粕

（1）先观察菜粕的颜色及形状，判断其生产工艺类型。浸提的菜粕呈黄色或浅褐色粉末或碎片状，而压榨的菜粕颜色较深，有焦糊物，多碎片或块状，杂质也较多，掰开块状物可见分层现象。压榨的菜粕因其品质较差，一般不被选用（但有可能掺入浸提的菜粕中）。再观察菜粕有无霉变、掺杂、结块现象，并估计其所占比例（菜粕中还有可能掺入沙子、桉树叶、菜籽壳等物）。

（2）闻菜粕味道，是否有菜油香味或其他异味，压榨的菜粕较浸提的菜粕味道香得多。

（3）抓一把菜粕在手上，拈一拈其分量，若较重，可能有掺砂现象。松开手将菜粕倾倒，使其自然落下，观察手中菜粕残留量，若残留较多，则水分及油脂含量都较高。同时，观察其有无霉变、氧化现象。再用手摸菜粕感觉其湿度，一般情况下，温度较高，水分也较高，若感觉烫手，大量堆码很可能会引起自燃。

4. 棉粕

（1）观察棉粕的颜色、形状等。好的棉粕多为黄色粉末，黑色碎片状棉籽壳少，棉绒少，无霉变及结块现象。抓一把棉粕在手中，仔细观察有无掺杂，估计棉籽壳所占比例及棉绒含量高低，若棉籽壳及棉绒含量较高，则棉粕品质较差，粗蛋白较低，粗纤维较高。

（2）用力抓一把棉粕，再松开，若棉粕被握成团块状，则水分较高，若成松散状，则水分较低。将棉粕倾倒，观察手中残留量，若残留较多，则水分较高，反之较少。用手摸棉粕感觉其湿度，一般情况下，温度较高，水分较高，若感觉烫手，大量堆码很可能会自燃。

（3）闻棉粕的气味，看是否有异味、异嗅等。

5. 麸皮

（1）观察颜色、形状。麸皮一般呈土黄色，细碎屑状，新鲜一致。

（2）闻麸皮气味，是否有麦香味或其他异味、异嗅、发酵味、霉味等。

（3）抓一把麸皮在手中，仔细观察是否有掺杂和虫蛀；拈一拈麸皮份量，若较坠手则可能掺有钙粉、膨润土、沸石粉等物，将手握紧，再松开，感觉麸皮水分，水分高较粘手，再用手捻一捻，看其松软程度，松软的麸皮较好。

6. 肉骨粉

（1）看其颜色、形状。肉骨粉是呈黄色至淡褐色和深褐色粉状物，含脂肪高的色深，牛羊肉骨粉颜色较深，猪肉骨粉颜色较浅，含有细骨粒、肉质和脂肪球。

（2）借助镜检可见黄色至淡褐色或深褐色固体颗粒，显油腻。组织形态变化很大，肉质表面粗糙并黏有大量细粉，一部分可看到白色或黄色条纹和肌肉纤维纹理，肉质为较硬的白色、灰色或浅棕黄色的块状颗粒，不透明或半透明，带点儿斑点，边缘圆钝。经常混有血粉特征，也有混入动物毛发的，毛发特征为长而粗，弯曲。颜色不同，羊毛通常是无色的半透明弯曲线条。

（3）肉骨粉闻之有腊肉香味。若有异味、异嗅、氨味和焦味，则表明此肉骨粉不新鲜，存放时间过长，已腐败。

（4）抓一把肉骨粉握紧，松开后应能自然散开，否则可判断此肉骨粉水分及脂肪含量较高。

（5）口含少许能成团，咀嚼时有肉松感，有肉香味，无其他异味，无细硬物，若有且多，则表明沙分含量较高，味咸则盐分含量高，味苦则表明曾自燃或烘焦过。

7. 鱼粉

（1）观看鱼粉颜色、形状。鱼粉呈黄褐色，深灰色（颜色以原料及产地为准）粉状或细短的肌肉纤维性粉状，蓬松感明显，含有少量鱼眼珠、鱼鳞碎屑、鱼刺、鱼骨或虾眼珠、蟹壳粉等，松散无结块，无自燃，无虫蛀等现象。

（2）闻鱼粉气味。有鱼粉正常气味，略带腥味、咸味，无异味、异嗅、氨味，否则表明鱼粉放置过久，已经腐败不新鲜。

（3）抓一把鱼粉握紧，松开后，能自动疏散开来，否则说明油脂或水分含量较高。

（4）口含少许能成团，咀嚼有肉松感，无细硬物，且短时间内能在口里溶化，若不化渣，则表明此鱼粉含砂石等杂物较重，味咸则表明盐分重，味苦则表明曾自燃或烧焦。

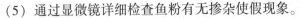

（5）通过显微镜详细检查鱼粉有无掺杂使假现象。

8. 啤酒糟

（1）啤酒糟呈灰色或浅黑色的粉状物，存在明显的纤维物（如大麦皮、稻谷皮等）。

（2）闻其气味应有淡淡的酒香味，无其他异味、异嗅。

（3）用手捏有松软的感觉，体轻。若体重，则有掺假嫌疑（主要掺入物为膨润土、沸石粉、泥沙等）。

四、饲料原料与配合饲料的保管及安全用料

（一）原料贮存控制方案

1. 装卸工序的控制

（1）装卸工装卸原料时接受仓库管理员的管理。

（2）装卸工在装卸时不能用手钩去搬运，在搬运过程中要轻拿轻放，注意包装的封口是否结实，包装有无破损，发现上述情况即时就地解决。

（3）装卸工不得损坏标识。

（4）装卸完成后按原料保管要求清理现场。

2. 贮存工序的控制

贮存场所的环境要求如下。

（1）简易仓库：临时存放稳定性强原料的场所，如石粉等，要求地面不积水，防雨。

（2）大宗原料库：存放玉米、豆粕、棉粕、次粉等大宗原料的场所，要求能通风、防雨、防潮、防虫、防鼠及防腐等。

（3）添加剂原料库：存放微量元素、维生素、药品添加剂等原料的场所，除能通风、防雨、防潮、防虫、防鼠及防腐外，还要求防高温，避光。

（4）每日工作完毕后要对各个仓库进行清扫，整理和检查，

发现问题及时处理。定期对原料贮存场所进行消毒。

3. 贮存场所的原料验收

（1）原料入库前要进行下列检查：包装是否完整、有无破损、实物和包装标识内容和合同是否相符、有无检验合格单等。

（2）不符合质量或待检的原料，由原料保管做出明显标记，隔离并妥善保管。

4. 入库原料的堆放要求

原料入库要放至不同库房，分类垛放，下有垫板，各垛间应留有间隙，并做好原料标签，包括品名、时间、进货数量、来源，并按顺序垛放。

（二）配合饲料的保管

配合饲料在贮藏期间因水分、温度、湿度、虫害、鼠害、微生物等因素而受损，因此，要采取相应的措施以避免其危害。

1. 水分和湿度

配合饲料的水分一般要求在 12% 以下，如果将水分控制在 10% 以下，即水分活度不大于 0.6，则任何微生物都不能生长；配合饲料的水分大于 12%，或空气中湿度大，配合饲料会返潮，在常温下易生霉。因此，配合饲料在贮藏期间必须保持干燥，包装要用双层袋，即内用不透气的塑料袋，外用纺织袋包装。贮藏仓库应干燥，通风。通风的方法有自然通风和机械通气。自然通风经济简便，但通风量小，机械通风是用风机鼓风入饲料垛中，效果好，但要消耗能源。仓内堆放，地面要铺垫防潮物，一般在地面上铺一层经过清洁消毒的稻壳，麦麸或秸秆，再在上面铺上草席或竹席，即可堆放配合饲料。

2. 虫害和鼠害

害虫能吃绝大多数配饵成分，由于害虫的粪便、躯体网状物和恶味，而使配饵质量下降。影响大多数害虫生长的主要因素是温度，相对湿度和配饵的含水量。这类虫子的适宜生长温度为

26～27℃，相对湿度10%～50%，低于17℃时，其繁殖即受到影响。一般蛾类吃配饵的表面，甲虫类则吃整个配饵。在适宜温度下，害虫大量繁殖，消耗饲料和氧气，产生二氧化碳和水，同时放出热量，在害虫集中区域温度可达45℃，所产生之水气凝集于配饵表层，而使配饵结块，生霉，导致混合饵料严重变质，由于温度过高，也可能导致自燃。鼠类啮吃饲料，破坏仓房，传染病菌，污染饲料，是危害较大的一类动物。为避免虫害和鼠害，在贮藏饲料前，应彻底清除仓库内壁、夹缝及死角，堵塞墙角漏洞，并进行密封熏蒸处理，以减少虫害和鼠害。

3. 温度

温度对贮藏饲料的影响较大，温度低于10℃时，霉菌生长缓慢，高于30℃则生长迅速，使饲料质量迅速变坏；饲料中不饱和脂肪酸在温度高、湿度大的情况下，也容易氧化变质。因此，配合饲料应贮于低温通风处。库房应具有防热性能，防止日光辐射热之透入，仓顶要加刷隔热层；墙壁涂成白色，以减少吸热；仓库周围可种树遮阴，以避日光照射，缩短日晒时间。

（三）安全用料

不能单从感观指标来判断饲料质量的优劣。有一些养殖户习惯从一些简单的外观、气味指标来判断饲料质量，认为颜色黄、味道香或者腥味重的饲料就是好饲料；把饲料溶于水后，能见到豆粕的就是好饲料；手抓起来，感觉光滑的就是好饲料。其实这些方法只能了解饲料的某一方面信息，且容易以偏概全。饲料生产中可以通过添加色素、控制饲料原料的粉碎粒度、添加香味剂和腥味剂等来满足一些人对这些表现的追求，但实际上，这些外观指标和饲料内在的质量没有必然的联系。因此，单纯从外观来判断饲料的质量优劣是不科学的，也是不可取的。

饲料产品的气味理应是原料固有的。但是随着调味剂的出现和大量使用，人们在很大程度上已经无法分辨产品的气味到底是饲料原料原有的还是调味剂引起的作用。添加饲料香味剂的主要目的是掩盖饲料的不良气味。有关香味剂对动物采食量影响的研究，结果褒贬不一。香味剂只是改变了产品的气味，对饲料本身没有什么营养价值，若片面追求感观效果，过量添加有可能产生某些毒副作用，甚至影响胴体品质，降低其商品利用率。有些劣质饲料为了掩盖一些变质原料产生的霉味而加入较高深度的香味剂，因此有些饲料尽管特别香，但并不是好饲料。养殖户应该更多地关注饲料的饲喂效果，不要被产品表面的现象所迷惑。

由于原料本身大都是黄色的：如玉米、豆粕、玉米蛋白粉等，而杂粕多为黑褐色。有的企业则误导用户：饲料颜色越黄证明豆粕越多，饲料越好。但以氨基酸平衡理论为基础配制的添加杂粕的日粮，不但价格便宜，生产性能也不错，而且能充分利用我国现有的饲料资源。虽然颜色较深，并不能说饲料不好。同时，对于动物而言，草食动物爱绿色，肉食动物爱红色，猪对颜色不敏感，所以并不是饲料颜色越黄越好。

粗蛋白是由饲料中氮的含量乘以 6.25 所得到的数据。粗蛋白的高低反映了饲料中氮元素含量的高低。而动物的是氨基酸，而不是粗蛋白或者说是氮元素。例如，尿素等非蛋白含量可以达到 100% ~200%，难道说尿素是比豆粕和鱼粉更好的饲料原料吗？同样是氨基酸态氮的真蛋白质、如羽毛粉和晒干的血粉，粗蛋白含量很高，但其消化率非常低，是差的蛋白质原料。所以，对于饲料而言，更应当注重的是饲料的可消化蛋白质或氨基酸的含量，注重饲料的实际使用效果，而不是标签上的蛋白质含量。

对于断奶乳猪饲料而言，解决乳猪拉稀是一个较大的难题，所以有的用户认为只要乳猪不拉稀，饲料就是好饲料。而乳猪拉稀是由各种各样的原因引起的：主要有营养性腹泻、病毒性腹泻、细菌性腹泻。饲料管理、卫生条件、温度、湿度、通风、病原菌、饲料污染、酸败等等原因都可能导致乳猪拉稀。通过大量的药物添加或收敛的应用，可以解决拉稀的问题，但同时影响了猪的生长，使断奶仔猪体重减轻或停止生长，从而大大影响猪的后期生长速度。正确的做法是合理使用抗生素、加强管理、减少营养性腹泻，保障断奶期间仔猪不但不掉重，而且有较大的体重增长，这样，猪只后期的增重会更加明显。

硫酸铜作为乳仔猪的促生长饲料添加剂已得到业内广泛认同。铜添加到 200～250 克/吨时促生长效果明显，这样剂量的一个附带结果是猪粪便颜色黑，而超过 250 克/吨则没有更好的促生长效果且容易造成动物中毒。同时高铜对于中大猪，没有乳仔猪那样好的促生长效果。由于误导，有的用户不但要求所有的小、中、大猪粪便黑都黑，还希望明显看到饲料中有铜的颗粒。可见这是不科学的。在中大猪饲料中滥用高铜，增加了饲料成本、浪费了宝贵的铜资源、增加了环境污染，对猪的脏器也造成了损伤。

自配饲料需要养殖户自身具备一定的技术能力、饲料知识和加工条件，且对采购的原料质量要有严格的控制能力。中小型养殖户自配饲料存在以下的质量风险。其一，原料质量的控制，如果选用了营养价值低、品质较差的饲料原料，自己还不知道问题所在，就会导致饲养的动物生长慢、饲养周期长、喂的饲料多，综合成本反而会更高。其二，自配料的营养不全面或不平衡，少用或不使用添加剂，甚至采用单一饲料，每斤料的单价是低了，但会导致动物对饲料的消化率低、长得慢、发病率高、成活率差，相对增加了养殖风险和养殖成本。其三，自配料往往质量很难保持稳定，在不同的季节和面临不同原料供求的市场时，调整和对抗风险的能力差，最终提高了养殖成本。

养殖户都注重价格风险因素。一些养殖户认为饲料价位越低，成本越低。其实不然，购买价格过低的饲料存在诸多风险。可能饲料营养不平衡、饲料利用率差，或各种营养指标虽然达到了标准的要求，但使用的原料质量不高，导致动物生长缓慢，饲养周期过长，反而不划算。同时，可能存在售后技术服务无保障等问题。

　　另外，应选择信誉好、质量好和售后服务好的生产企业；了解该种饲料在当地的使用效果；计算每生产一斤生猪的饲料成本，成本越低越好；考察饲料的安全性。

模块四 饲养管理

一、猪场管理的基础知识

（一）组织架构（图 4 - 1）

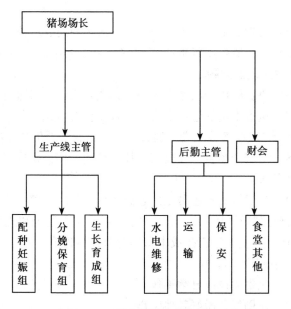

图 4 - 1 猪场管理组织构架

（二）岗位定编

猪场场长 1 人、生产线主管 1 人、配种妊娠组长 1 人、分娩保育组长 1 人、生长育成组长 1 人。饲料员定编：配种妊娠组 4

人（含组长）、分娩保育组 4 人（含组长），生长育成组 6 人（含组长），夜班 1 人。后勤人员后勤主管、财会、司机、维修、保安、炊事员、勤杂工等，具体人数按实际岗位需要设置。

（三）责任分工

1. 场长

（1）负责猪场的全面工作。

（2）负责制定和完善本场的各项管理制度、技术操作规程。

（3）负责后勤保障工作的管理，及时协调各部门之间的工作关系。

（4）负责制定具体的实施措施，落实和完成本场各项任务。

（5）负责监控本场的生产情况、员工工作情况和卫生防疫，及时解决出现的问题。

（6）负责编排全场的生产经营计划和物资需求计划。

（7）负责本场的生产报表，并督促做好月结工作、周上报工作；直接管辖生产线主管，通过生产线主管管理生产线员工。

（8）负责全场生产线员工的技术培训工作，每周或每月主持召开生产例会。

（9）负责做好本场员工的思想工作，及时了解员工的思想动态，出现问题及时解决，及时向上反映员工的意见和建议。

（10）负责全场直接成本费用的监控与管理。

2. 生产线主管

（1）负责生产线日常工作。

（2）协助场长做好其他工作。

（3）负责执行饲养管理技术操作规程、卫生防疫制度和有关生产线的管理制度，并组织实施。

（4）负责生产线报表工作，随时做好统计分析工作。

（5）负责猪病防治及免疫注射工作。

（6）负责生产线饲料、药物等直接成本费用的监控与管理。

（7）负责落实和完成场长下达的各项任务。

（8）直接管辖组长，通过组长管理员工。

3. 组长

（1）配种妊娠舍组长。

①负责组织本组人员严格按照《饲养管理技术操作规程》和每周工作日程进行生产，及时反映本组中出现的生产和工作问题。

②及时反映本组中出现的生产和工作问题。

③负责整理和统计本组出现的生产和工作问题。

④负责安排本组人员休息替班。

⑤负责本组定期全面消毒、清洁绿化工作。

⑥负责本组饲料、药品、工具的使用计划与领取及盘点工作。

⑦服从生产线主管的领导，完成生产线主管下达的各项生产任务。

⑧负责本生产线配种工作，保证生产线按生产流程运行。

⑨负责本组种猪转群，调整工作。

⑩负责本组公猪、后备猪、空怀猪、妊娠猪的预防注射工作。

（2）分娩保育舍组长。

①负责组织本组人员严格按《饲养管理技术操作规程》和每周工作日程进行生产。

②及时反映本组中出现的生产和工作问题。

③负责整理和统计本组的生产日报表和周报表。

④负责安排本组人员休息替班。

⑤负责本组定期全面消毒，清洁绿化工作。

⑥负责本组饲料、药品、工具的使用计划与领取及盘点工作。

⑦服从生产线主管的领导，完成生产线主管下达的各项生产任务。

⑧负责本组空栏猪舍的冲洗消毒工作。

⑨负责本组母猪、仔猪的转群、调整工作。

⑩负责哺乳母猪、仔猪的预防注射工作。

（3）生长育成舍组长。

①负责组织本组人员按《饲养管理技术操作规程》和每周工作日程进行生产。

②及时反映本组中出现的生产和工作问题。

③负责整理和统计本组的生产日报表和周报表。

④负责安排本组人员休息替班。

⑤负责本组定期全面消毒，清洁绿化工作。

⑥负责本组饲料、药品、工具的使用计划与领取及盘点工作。

⑦服从生产线主管的领导，完成生产线主管下达的各项生产任务。

⑧负责肉猪的出栏工作，保证出栏猪的质量。

⑨负责生长、育肥猪的周转、调整工作。

⑩负责本组空栏猪舍的冲洗、消毒工作。

⑪负责生长、育肥猪的预防注射工作。

（4）饲养员。

①协助组长做好配种、种猪转栏、调整工作。

②协助组长做好公猪、空怀猪、后备猪的饲养管理工作。

③负责大栏内公猪、空怀猪、后备猪的饲养管理工作。

④协助组长做好妊娠猪转群、调整工作。

⑤协助组长做好妊娠母猪预防注射工作。

⑥负责定位栏内妊娠猪的饲养管理工作。

⑦哺乳母猪、仔猪管理员。

⑧协助组长做好临产母猪转入、断奶母猪及仔猪转出工作。

⑨协助组长做好哺乳母猪、仔猪的预防注射工作。

⑩协助组长做好保育猪转群、调整工作。

⑪协助组长做好保育猪预防注射工作。

⑫协助组长做好生长育肥猪转群、调整工作。

⑬协助组长做好生长育肥猪预防注射工作。

二、种公猪管理

公猪的饲养管理目标就是维持公猪合适的膘情，保持体表卫生，肢蹄强壮，性欲旺盛，精液品质好，生精量大。而公猪在猪群增殖中对每窝仔猪的优劣也起着相当的作用，俗话讲："母猪好，好一窝；公猪好，好一坡"，可见公猪在生产中的作用之大。

（一）公猪生殖生理特点

（1）射精量大：250毫升/次（150~500毫升/次），总精子数目多（1.5亿个/毫升）。

（2）交配时间长：5~10分钟，长的达20分钟以上。

（3）精液组成：精子占2%~5%，附睾分泌物占2%，精囊分泌物占15%~20%，前列腺分泌物占55%~70%，尿道球腺分泌物占10%~25%。精液化学成分：H_2O 97%，CP 1.2%~2%，EE 0.2%，Ca 0.916%，NFE 1%，其中CP占60%以上。

（二）种公猪的饲养

种公猪精液中干物质的主要成分是蛋白质（3%~10%）。由于具有精液量大（250毫升/次）、总精子数目多（1.5亿个/毫升）、交配时间长等特点，需要消耗较多的营养物质，特别是蛋白质，所以，必须给予足够的氨基酸平衡的动物性蛋白质。在配种高峰期可适当补充鸡蛋、矿精、多维等；另外，对维生素A、E、钙、磷、硒等营养要求较高，在大规模饲养条件下，饲喂锌、碘、钴、锰对精液品质有明显提高作用。

体重75千克以下的后备公猪饲养管理与生长猪相同；体重75千克以上的后备公猪逐步改喂公猪料。

种公猪的营养需要与妊娠母猪相近，生产中根据公猪的类型、负荷量、圈舍和环境条件等评定猪群，特殊条件下对营养作适当的调整。

1. 饲养方式

（1）一贯加强的饲养方式：全年均衡保持高营养水平，适用于常年配种的公猪。

（2）配种季节加强的饲养方式：实行季节性产仔的猪场，种公猪的饲养管理分为配种期和非配种期，配种期饲料的营养水平和饲料喂量均高于非配种期。于配前 20 ~ 30 天增加 20% ~ 30% 的饲料量，配种季节保持高营养水平，配种季节过后逐渐降低营养水平。

2. 饲喂技术

（1）定时定量。每次不要喂太饱（八九成饱），可采用一天一次或两次投喂，喂量需要看体况和配种强度而定，每天饲料摄入量 2.3 ~ 3.0 千克。

（2）全天 24 小时提供新鲜的饮水。

（3）以精料为主，适当搭配青绿饲料，尽量少用碳水化合物饲料，保持中等腹部，避免造成垂腹。

（4）宜采用生干料或湿拌料。

（5）公母猪采用不同饲料类型，以增加生殖细胞差异：公猪→生理酸性日粮。

（6）保持八九成膘情。实践中由于饲养管理不当，常有发生过肥或过瘦的现象。过肥导致性欲下降，配种能力差，原因大多是饲养不当造成；过瘦也时有发生，主要是生产者都十分重视公猪的饲养管理。若出现过瘦问题，可能的原因有：生病导致食欲下降、营养摄入不够等。

（三）公猪的管理

1. 加强运动

可提高神经系统的兴奋性，增强体质，避免肥胖，提高配种能力和抗病力。对提高肢蹄结实度有好处。运动不足会使公猪贪睡、肥胖、性欲低、四肢软弱、易患肢蹄病。因此，在非配种期和配种准备期要加强运动，在配种期适度运动。一般要求上、下午各运动一次，每次1~2小时，1~2千米，圈外驱赶或自由运动，于夏季早晚、冬季中午进行。

2. 刷拭和修蹄

每天定时用刷子刷拭猪体，热天结合淋浴冲洗，可保持皮肤清洁卫生、促进血液循环、少患皮肤病和外寄生虫病。这也是饲养员调教公猪的机会，使种公猪温驯听从管教，便于采精和辅助配种。要注意保护猪的肢蹄，对不良的蹄形进行修蹄，蹄不正常会影响活动和配种。

3. 单圈饲养

种公猪必须单栏饲养，否则与公猪合养易相互争咬，造成伤害；与母猪混养要么易性情温顺，失去雄威；要么过早爬跨，无序配种受胎。

4. 定期检查精液品质

实行人工授精的公猪，每次采精都要检查精液品质。如果采用本交，每月也要检查1~2次，特别是后备公猪开始使用前和由非配种期转入配种期之前，都要检查精液2~3次，劣质精液的公猪不能配种。

5. 定期称重

根据体重变化情况检查饲料是否适当，以便及时调整日粮，以防过肥或过瘦。成年公猪体重应无太大变化，但需经常保持中上等膘情。

6. 防寒防暑

种公猪适宜的温度为18~20℃。冬季猪舍要防寒保温，以减少饲料的消耗和疾病发生。短暂的高温可导致长时间的不育，所以，夏季高温时要防暑降温，措施包括通风、洒水、洗澡、遮阴等，各地可因地制宜进行操作；刚配过种的公母猪严禁用凉水冲身。

7. 防止公猪咬架

公猪好斗，如偶尔相遇就会咬架。公猪咬架时应迅速放出发情母猪将公猪引走，或者用木板将公猪隔离开，也可用水猛冲公猪眼部将其撵走。

8. 搞好疫病防治和日常的管理工作

如保持栏舍及猪体的清洁卫生、防疫灭病等。

①驱虫：每年两次，用阿维菌素驱虫，每次驱虫分两步进行，第一次用药后 10 天再用一次药。同时每月用 1.5% 的兽用敌百虫进行一次猪体表及环境驱虫。

②防疫：每年分别进行两次猪瘟、猪肺疫、猪丹毒、兰耳病防疫，10 月底和 3 月各进行一次口蹄疫防疫。4 月进行一次乙脑防疫。公猪圈应设严格的防疫屏障及进行经常性的消毒工作。

③建立良好的生活制度：饲喂、采精或配种、运动、刷拭等各项作业都应在相对固定的时间内进行，利用条件反射养成规律性的生活制度，便于管理操作。

（四）合理利用

1. 初配年龄和体重

公猪性成熟通常比母猪迟，一般在 4～8 月龄，此时身体尚在生长发育，不宜配种使用。一般在性成熟后 2 个月左右可开始配种使用。要求体重达到成年体重的 70%～80%。生产中常有过早配种的情况出现，由于刚刚性成熟，交配能力不好，精液质量差，母猪受胎率低，且对自身性器官发育产生不良影响，缩短使用寿命。若过迟配种，则延长非生产时间，增加成本，另外会造成公猪性情不安，影响正常发育，甚至造成恶癖。在生产中一般要求小型早熟品种在 7～8 月龄，体重 75 千克配种；大中型品种在 9～10 月龄，体重 100 千克配种。

2. 配种强度

经训练调教后的公猪，一般一周采精一次，12 月龄后，每周可增加至 2 次，成年后 2~3 次。即青年公猪每周配 2~3 次，2 岁以上公猪 1 次/天，必要时 2 次/天，但具体要根据公猪的体质、性欲、营养供应等灵活掌握。如果连续使用，应休息 1 天/周。

注意事项：使用过度，精液品质下降，母猪受胎率下降，减少使用寿命；使用过少则增加成本，公猪性欲不旺，附睾内精子衰老，受胎率下降。公猪精子生成、成熟需要 42 天，如频繁使用造成幼稚型精子配种，增加母猪空怀率，所以公猪必须合理休养使用。

3. 配种比例

本交时公母性别比为 1：（20~30）；人工授精理论上可达 1：300，实际按 1：100 配备。

4. 利用年限

公猪繁殖停止期为 10~15 岁，一般使用 6~8 年，以青壮年 2~4 岁最佳。生产中公猪的使用年限，一般控制在 2 年左右。

（五）公猪的调教

1. 开始调教的年龄

小公猪从 8 月龄开始进行采精调教。

2. 调教持续时间

每次调教时间不超过 15 分钟；如果公猪不爬跨假母猪，就应将公猪赶回圈内，第二天再进行调教。

3. 基本调教方法

将发情旺盛的母猪的尿液或分泌物涂在假母猪后部，公猪进入采精室后，让其先熟悉环境。公猪很快会去嗅闻、啃咬假母猪或在假母猪上蹭痒，然后就会爬跨假母猪。如果公猪比较胆小，可将发情旺盛母猪的分泌物或尿液涂在麻布上，使公猪嗅闻，并逐步引导其靠近和爬跨假母猪。同时可轻轻敲击假母猪以引起公猪的注意。必要时可录制发情母猪求偶时的叫声在采精室播放，以刺激公猪的性欲。

4. 不易调教的公猪的调教

如果以上方法都不能使公猪爬跨假母猪，可用一头二至三胎的发情旺盛的母猪赶至采精室，然后将待调教的种公猪赶到采精室，当公猪爬跨发情母猪时，在公猪阴茎伸出之前，两人分别抓住其左右耳拉下，当公猪第二次爬跨发情母猪时，用同样的方法将其拉下。这时公猪的性欲已经达到高潮，立即将发情母猪赶走，然后诱导公猪爬跨假母猪，一般都能调教成功。

5. 调教时的采精

当公猪爬跨上假母猪后，采精员应立即从公猪左后侧接近，并按摩其包皮，排出包皮液，当公猪阴茎伸出时，应立即用右手握成空头拳，使阴茎进入空拳中，将阴茎的龟头锁定不让其转动，并将其牵出，开始采精。

6. 注意事项

将待调教的公猪赶至采精室后，采精员必须始终在场。因为一旦公猪爬跨上假母猪时，采精人员不在现场，不能立即进行采精，这对公猪的调教非常不利。调教公猪要有耐心，不准打骂公猪；记住，如果在调教中使公猪感到不适，这头公猪调教成功的希望就会很小。一旦采精获得成功，分别在第2、第3天各采精1次，以利公猪巩固记忆。

三、后备、空怀母猪管理

（一）后备母猪管理

1. 后备母猪的初配目标

购买50千克左右的后备母猪的最大优点在于离配种的时间很长，隔离适应期可延长，主动免疫可得到发展，而且生产者可控制生长速度和性成熟，同时可以分群管理（表4-1）。

表4-1 后备母猪初配目标

	最少	目标
隔离和适应期（星期）	6	8
配种日龄（天数）	200~210	210~230
体重（千克）	120	135~145
背膘厚（毫米）	12	16~18
发情次数	2	3
催情补饲天数（日喂妊娠料3千克）	10	14

后备母猪的初配受以下因素影响：体重和体型、初配日龄、初情期、体况（背膘厚）、性成熟（发情次数）。

体重和体型：研究表明，将配种推迟至体重为130千克时会提高第一窝产仔数，同时也会增加以后各胎次的产仔数和产活仔数。

初配年龄：假如必要的隔离适应已经完成，并且后备母猪的背膘厚和体重生长良好，初配日龄应为210~230天。

初情期：环境对初情有显著影响，所以，初期期是可变的，而诱发初情是后备母猪管理的重要措施，使其在165日龄时可达初情。

背膘厚：体况特别是背膘厚是显示初配时后备母猪发育情况的一个因素。PIC建议应在背膘厚为16~18毫米时配种，而不能低于12毫米。

性成熟：性成熟通常取决于后备母猪的发情次数。认真观察和详细记录是鉴别性成熟的关键。在完成8周的适应期、发情3次后配种。

2. 后备母猪的饲养管理

种猪需要营养来维持母体生长和胎儿发育，如果饲料采食不能满足营养需求，母猪就会消耗体组织来满足需要，这就意味着会消耗瘦肉、脂肪和骨组织。

整个繁殖过程都是相互关联的，不能单独考虑其中的某一部分。体况和饲料采食变化会对哺乳期产生显著影响。同样的，初产母猪的饲养会对母猪的终生繁殖力产生重要影响。为了达到初配目标，后备母猪在体重为 50 ~ 100 千克时应自由采食，到 100 千克时至少每天需要饲喂 3 千克含 13 ~ 13.5 兆焦 DE/千克和 0.55% ~ 0.65% 赖氨酸的妊娠母猪料，使其在适应期的增重为 5 ~ 6 千克/周，背膘会增加 4 毫米。

催情补饲：在配种前 14 天增加能量摄入能增加排卵量，在发情周期的前 7 天减料至 2.75 千克/天，配种前 14 天自由采食或增加至 3.5 ~ 3.75 千克/天。但注意不同的环境条件可以改变食欲和采食量。

圈舍：后备母猪饲喂在拥挤的圈舍就很难查情，到达时最少需 1 平方米，配种时需要 1.4 平方米，此外还需再有 1 平方米的运动、躺卧、粪便场地。

温度：温度是环境气候的组成部分，对生产力有很大影响，温度需求取决于猪体重、采食量、猪群密度、地板类型和空气流速。后备母猪饲喂在水泥地面时的最低临界温度是 14℃，最适温度为 18℃。

通风：后备母猪在集约化条件下所需通风为最低 16 立方米/小时，最高为 100 立方米/小时。

饲喂设备：后备母猪经常群养，把饲料撒在地面上可以尽量减少打斗。而饲喂方式因猪舍类型而异，由于猪只个体差异，有的需要采用单独饲喂，以保持种用体况。采用有隔栏的料槽应使每头后备母猪有 0.4 米的采食空间。

饮水：随时保证供应清洁新鲜的饮水，饮水器应定位于活动和排粪区域，以保证睡卧区域的干燥。饮水器应保证最低流量为 1 升/分钟，每只饮水器最多只能供应 8 头猪，连接饮水器的供水管，最好经过睡卧区域，以免冻坏。饮水器应安在排粪区域或漏缝地板上方，高度为 0.7 米。

光照：白天室内光照无论自然光或人工光都应以让猪能看清楚为准。在配种间，能够很清楚地观察发情即可，实际中光照强度为 50 勒克斯即能满足要求。应尽可能地用日光，当需要时才用人工光照，光照时间为每天 16 小时，不足部分可通过人工光照获得。

建议购买的后备母猪应与猪场内的其他猪只采用一致的免疫程序，并严格实施隔离适应程序。

刺激发情：发情可通过许多日常管理，包括同成熟公猪的接触来刺激，这种方法可使发情日龄提前。通常初情期一般在 165 日龄，有效刺激发情的方法是定期与成熟公猪接触，看、听、闻、触公猪就会产生静立反射。

按体型年龄分群饲喂，在 160 日龄时开始刺激。

每天让母猪在圈中接触 10 月龄以上的公猪 20 分钟，但要注意监视，以避免计划外配种。使用配种公猪且经常替换，以保持兴趣。记录初次发情。

避免习惯性：如果后备母猪发情后没被发现，并继续与邻近的公猪接触，就会因熟悉公猪而失去对公猪的兴趣，在以后的发情中，发情症状就不明显。最好的办法是公猪单独饲喂，而将公猪赶到母猪栏内诱情。

（二）空怀母猪管理

饲养种猪的目的在于繁殖量多质优的小猪。猪的繁殖力，是影响养猪生产效益和经济效益的一项重要指标。在一个自繁自养的养猪场内，生产水平高低的第一个决定因素，就是每头种猪一年内育成的断奶小猪数。只有提高种猪的繁殖性能，才可以为以后生长肥育猪的饲养管理提供数量上的保障。

空怀母猪是指尚未配种的或是虽配种而没有受孕的母猪，包括青年母猪和经产母猪。饲养空怀母猪，要抓好两件事：一是要使青年母猪早发情多排卵；二是要使断奶母猪或配过种但没有受孕的母猪，尽快重新配种受孕。

1. 青年母猪的性成熟和开配时间

青年母猪，是指尚未产过仔的母猪，包括后备猪和达到种用年龄，而且已经开配使用的母猪。

青年母猪达到性成熟时，即出现第一次发情（初情期）。母猪初情期的时间与品种本身的生长发育和健康状况有关。本地母猪在 3 ~ 4 月龄、培育品种母猪在 4 ~ 5 月龄、引入品种母猪在 5 ~ 6 月龄时，即达到初情期。后备母猪在生长发育阶段，若摄入了足够的营养，生长发育正常，初情期也较早。若生长发育受阻，或患有慢性消耗性疾病，则会推迟初情期。

一般来说，青年母猪的初情期越早越有利。初情期越早，开配使用的年龄也越早。但这并不意味着在母猪初情期时，即可立即配种，因为母猪第一次发情时的排卵数很少，若在这时配种受孕则窝产仔数也少。而且过早配种使用的母猪，本身的生长发育也会受到很大影响，如成年体重小对母猪繁殖性能的发挥十分不利。青年母猪的排卵数，是随着年龄和发情次数的增长而增加的。从纯粹获得较高产仔数发挥母猪一生的最大繁殖潜力的角度来看，让青年母猪达到初情期时，再延迟几个情期才配种，更为有利。但过度推迟青年母猪的开配时间也不好，一来会延长母猪的非生产使用期，二来有一些母猪，特别是瘦肉型品种的母猪，几个情期过后均不配种受孕，以后可能会出现发情不正常，甚至不发情的现象。在发育正常的情况下，青年母猪的开配时间，最好是在第二次发情时开始。

2. 促进母猪发情和排卵措施

青年母猪发情时的排卵数较少，增加其发情时的排卵数，可以提高窝产仔数。因此，饲养青年母猪时，既希望它早发情，又希望它多排卵。经产母猪的排卵数一般在 20 ~ 30 个，增加经产母猪的排卵数，对提高窝产仔数的意义不大。但经产母猪断奶后，体况的差异很大，体况越瘦的母猪，重新发情的时间也越迟。只有经过一段时间的加强饲养，体况恢复正常后，才会正常发情排卵。有一些母猪，在配种后经过妊娠检查，证明并没有受孕但由于体内生殖激素的分泌紊乱，不再表现发情。对以上这3种类型的猪，都必须采取措施，来促进其发情和排卵。促进母猪发情和排卵的措施很多，常用的有以下几种。

（1）公猪的刺激：公猪的刺激，包括视觉、嗅觉、听觉和身体接触，这些刺激对促进母猪发情和排卵的作用很大。性欲好的公猪和成年公猪的刺激作用，比青年公猪和性欲差的公猪的作用更大。待配种的母猪，应该关养在与成年公猪相邻的栏内，让母猪经常接受公猪的形态、气味和声音的刺激。每天让成年公猪在待配母猪栏内追逐母猪10~20分钟，既可以让母猪与公猪直接接触，又可以起到公猪的试情作用。

（2）适当的刺激：混栏和驱赶运动，对母猪都是一种应激，对提早发情也有利。因为适当的刺激，可以提高母猪机体的兴奋性。断奶后的空怀母猪和配种后没有怀孕也不表现发情的母猪，最好是每栏4~5头小猪混养，但要注意混养的母猪的年龄与体重，相差不要太大，也不要把性情凶狠的母猪与性情温驯的母猪混养在一起，以免打斗过于激烈，造成伤残甚至死亡。有种猪运动场的猪场，最好每天有一定的时间，适当驱赶空怀母猪运动。经过这样适当的应激，一些处于发情静止状态的母猪，会重新表现发情。

（3）使用催情料：母猪在配种前，采食高能量水平的日粮，对提高青年母猪的排卵数和帮助断奶后体况较差的母猪恢复正常的体况很有效。体况中等的青年母猪，或断奶后体况较瘦的经产母猪，对催情料的反应比体况肥胖的母猪大。体况中等的青年母猪，在配种前2周，或体况较差的断奶母猪，在断奶后开始，可每天喂给专门配制的高能量饲料，或使用常规的空怀母猪料。但每天的投喂量要比正常喂料量多1/3到1/2的饲料（视体况而定），才可达到催情的目的。

3. 母猪的发情和配种

（1）母猪的发情期：母猪的发情周期为 18～24 天，平均为 21 天。在一个发情周期内，要经历发情前期、发情旺期、发情后期和休情期四个阶段。从发情前期到发情后期，总称为发情期。母猪的发情期，因个体的不同而异，最短的只有一天，最长的 6～7 天，一般为 3～4 天。青年母猪的发情期，较经产母猪的短。

在生产实际中，往往很难确定母猪发情开始的时间，只有根据母猪的发情表现来判断。母猪的排卵时间有早有迟，持续时间有短有长，为了确保卵子排出时有足够数量活力的精子受精，母猪在一个发情期内最好用公猪配种 2～3 次。经产母猪每次配种的时间间隔为 24 小时，而青年母猪因为发情较经产母猪短，每次配种的时间间隔可以缩短为 12 小时。

（2）母猪的配种方式：母猪的配种方式，按配种的次数来分有单次配种、双重配种和重复配种；按交配的形式来分，有本交和人工授精。

单次配种：母猪在一个发情期内，只用一头公猪配一次。

双重配种：母猪在一个发情期内，用两头公猪先后相隔 10 分钟左右各配一次。

重复配种：母猪在一个发情期内，用一头或几头公猪，相隔 12 或 24 小时先后配种 2～3 次，此配种方式最佳。

有些母猪发情时，外部表现十分明显，或虽有发情表现，但公猪不在场时，没有站立反射的出现。这时，需要用公猪试情，方能确定母猪是否发情，以及是否达到配种的最佳时间。用公猪试情时，把性欲旺盛的公猪赶进待配母猪栏内，让公猪寻找发情母猪。当公猪出现爬胯母猪而母猪出现站立反射时，再把母猪赶进配种栏内，用指定的公猪与其配种。

四、妊娠、哺乳母猪管理

（一）妊娠母猪管理

配种管理的目标是用健康的公猪与符合种用体况的母猪适时配种以提高受孕率和产仔数，妊娠管理的重点在于控制流产、死胎和木乃伊。

1. 母猪的发情周期

除了怀孕和哺乳外，健康母猪会在一生中出现周期性发情。排卵和发情周期的关系如表4-2所示。

表4-2 母猪的发情与排卵

		平均	变化范围
发情周期（天）		21	18～23
发情时间（小时）		53	12～72
发情后排卵（小时）		40	38～42
排卵持续时间（小时）		3.8	2～6
排卵量	后备母猪	13.5	7～16
	经产母猪	21.4	15～25

（1）发情前期和发情期。发情检查常被看成相当简单的程序，而对发情母猪的屠宰检查表明这些母猪已经正常发情。母猪的发情周期平均为21天（18～24天），配种成功的关键是正确掌握发情症状。

（2）发情前期。

· 阴门樱桃红、肿大，但经产母猪不一定。

· 呼噜、哼哼、尖叫。

· 咬栏。

- 烦燥不安。
- 爬胯。
- 食欲减少。
- 黏液从阴门流出。
- 被同栏母猪爬跨，但无静立反射。

（3）发情期。

- 阴门红肿减退。
- 黏液黏稠表明将要排卵。
- 静立反射。
- 弓背。
- 震颤、发抖。
- 目光呆滞。
- 耳朵竖起（大白猪耳朵竖起并上下轻弹）。
- 公猪在场时，静立反射明显。
- 爬胯其他母猪或被爬垮时站立不动。
- 对公猪有兴趣。
- 食欲减少。
- 发出特有的呼噜声。
- 愿接近饲养员。
- 能接受交配。
- 平均持续时间：后备母猪 1~2 天
  经产母猪 2~3 天

注：所有或部分症状可在发情时观察到，但品系间会有差异。群养时，发情母猪会爬垮其他母猪或让其他母猪爬垮。饲喂在限位栏时，有的发情母猪会站着，而有的则会躺下，这样就不能观察到正常的发情症状，因此，需要饲养员借助于母猪同公猪的头对头接触来检查发情。

2. 发情检查

无论自然交配还是人工授精，适时配种是获得良好繁殖力的

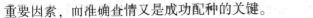

重要因素，而准确查情又是成功配种的关键。

　　每天查情 2 次，早上喂后 30 分钟及下午下班前各查一次（排卵时间易变，所以，一天查情两次）。但一天两次马马虎虎的查情倒不如一天一次认真仔细的查情。

　　用成熟公猪查情。理想的查情公猪至少要 12 月龄以上、走动缓慢、口腔泡沫多。赶猪时用赶猪板或另外一个人来限制公猪的走动速度，切除过输精管的公猪可被用于查情。母猪在短时间内接触公猪后就可达到最佳的静立反射。

　　把公猪赶进母猪栏，能对母猪提供最好的刺激。公猪会嗅闻母猪肋部并企图爬胯。栏养时，应将公猪赶到母猪前面，而工人应在后边查看母猪的反应。公猪同母猪鼻对鼻的接触，可以准确地检查出发情。当公猪在场时可以压背，也可刺激肋部和腹部。

　　3. 适时配种或适时输精

　　排卵时间易变，且同断奶至发情间隔和发情持续时间有些关系，这就表明断奶后的管理也会影响排卵时间。为了掌握适时配种和适时输精，有必要了解一下繁殖生理学：

　　超声波检查表明多数经产母猪在发情后 24 ~ 56 小时排卵（变化范围为 24 ~ 72 小时）。

　　卵子生存时间很短，卵子在输卵管内只能生存 4 个小时。

　　精子在子宫内可保持活力 24 小时。

　　任何配种管理都应旨在保证在排卵期间母猪生殖道内有适当数量的活精子，因此，必须天天查情并及时发现发情的起始时间。每个猪场都应建立适合于自己的配种制度（表 4 - 3）。

表 4 - 3　每天查情一次和两次的配种制度

第一次人工授精	立即
第二次人工授精	12 小时后
第三次人工授精	12 小时后（如果母猪还在发情）

注：只用人工授精的猪场，应在 24 小时内输精 3 次

每个农场、每个品系的发情时间都不一样，所以每个农场都应监测实际的发情时间。

记住每头猪都不一样，应区别对待。如果一天查情一次，采用上午/上午的配种制度较为适宜，但对上午发情不明显的母猪，应在下午再查情，并在出现静立反射时配种。以上方法应根据断奶至配种间隔作相应的调整。1994年德国的 Dr. K. Weitz 指出：断奶至配种间隔越短，发情持续时间就越长，发情症状越明显。

以下是典型的配种/人工授精时间同断奶至配种间隔的关系如表4-4所示。

表4-4　断奶天数与配种制度

断奶后的天数	静立反应时间	配种制度
4	上午—推迟配种	下午 下午 上午
	下午—推迟配种	上午 上午 下午
5	上午	上午 上午 下午
	下午	下午 上午 下午
6	上午	上午 下午 上午
	下午	上午 下午
所有发情母猪、妊检阴性母猪		上午 下午 下午
		下午 上午 下午

在母猪发情晚期，人工授精或本交易造成对母猪的感染，恶露也会影响配种制度。只有当母猪出现静立反射时才可实施配种。

配种后，母猪应尽可能保持安静和舒适，一旦母猪最后一次配种结束，就应立即赶到限位栏内。群养时不应同原来的断奶母猪放在一起，而应同刚配完种的母猪放在一起，组成新群。然而，母猪配种后应尽可能不要混养。总之，配种后7～30天的母猪不应被赶动或混群。

进入配种间的所有母猪都必须认真查情，填写单独的记录。并密切注意初配的平均日龄和断奶后 7 天内配种的百分率。

在一个情期内，用 2 头或更多公猪来交配一头母猪是很普遍的，其优势在于：

· 更好的利用公猪。

· 避免公猪过度使用和使用不足。

· 有助于公猪的安全防卫，避免配种能力低下及临时或长久不育。

其缺点主要在于：

· 有患传染性疾病的风险。

· 难以判定公猪的不育，易导致与遗传相关的问题或异常。

4. 发情检查

所有配过种的母猪都应经常查情，直到妊娠 60 天左右能明显看出妊娠为止。在配种后着床（12～23 天）前胚胎全部死亡，母猪就会返情，有规律地间隔为 18～24 天。

· 配种后 30～40 天即着床后到钙化前的胚胎死亡，会导致发情推迟或发情不规则。

· 骨胳钙化开始后；胎儿的死亡会造成木乃伊，如果全窝都是木乃伊可能与伪狂犬病有关，且不会发情。

· 整个妊娠期都可能发生流产，流产 5～10 天后会出现发情或保持乏情状态。

返情检查时必须考虑以上情况。

· 查返情时最好用公猪，公猪在母猪栏前走，并与母猪鼻对鼻的接触。群养时可把公猪赶到母猪栏内，饲养员要注意发现 3 周外的不规则返情。

· 查返情时，饲养员要注意查看正常的返情征状，即压背、竖耳、鸣叫、阴户肿胀、红肿。栏养时发情的母猪会在其他母猪躺下时独自站着。

· 可用拇指测阴户温度，翻查阴户是很有用的：清晰的、黏性分泌物，阴户温度增加或其他发情症状。对公猪感兴趣的母猪，应赶到靠近公猪栏的地方观察。

返情前，有些母猪会流出像脓一样的、绿色的或黄色的恶露。这说明子宫或阴道有炎症，因此，应注射抗生素并给予特殊照顾。如果分泌物是化脓的、难闻的，应淘汰该母猪。对这类母猪的配种只能采用人工授精。

返情母猪的保留和重配决定必须考虑许多因素，例如，淘汰母猪的价格，后备母猪的情况和造成返情的原因等。不只是母猪的原因，还有公猪或人工授精操作者也有影响。

5. 妊娠检查

改善妊娠检查率比改善分娩率容易得多，妊娠检查对于所有妊娠母猪来说都是基本的程序。训练有素的操作者能在妊娠 25 天左右检测出怀孕。Doppler 检测仪和超声波能在 21 天返情前检测出怀孕。配种后的 28 天着床结束，因此，所有早期妊娠检查都必须在配种后 30 天重新确认。配种后 25～35 天进行两次妊娠检查是理想的，以便在 42 天返情时对妊检阴性和问题母猪采取相应的措施。

对所有母猪进行有规律的视觉妊娠评估是很重要的，即使在妊娠检查确定后少数母猪也有胚胎再吸收和流产的可能。

6. 妊娠期饲养

高产母猪需要控制体重和背膘变化。为充分发挥全部遗传潜力，尽可能增加产仔数，就需要在妊娠期细心控制体重和背膘，在哺乳期和断奶至配种期间的采食量要大并保持最小的体重损失。初产对第二胎及以后各胎次的性能有显著影响，因此，初次哺乳时过量的体重损失，需要通过正确的饲养来防止，以避免第二胎产仔数的减少、断奶至配种间隔的延长、淘汰率的提高。

在妊娠期，饲料能有效地用于生长和繁殖。青年母猪或经产母猪正处于合成代谢阶段，相对低的营养即可维持母体体况和胎儿生长所需营养（表4-5）。

表4-5　母猪饲料饲喂标准

母猪饲养阶段	饲喂量（千克/天）
妊娠阶段：配种后5天	
第一胎母猪	1.80
经产母猪	2.25
体况差的母猪	2.90
妊娠：5~90天	根据体况饲喂
妊娠：90~113天	2.70~2.95
产前：2~4天	1.80~2.00
哺乳：1~2天	轻度限食
哺乳：3天至断奶	自由采食
断奶至配种	自由采食

7. 饮水

怀孕期应随时供应充足的饮水。群养时用饮水器，栏养时用水槽，最好是定时自动充水的水槽，或在每次喂料后人工加水。下一次喂料时，可在剩下的饲料中加水，这样有利于采食。要经常鼓励母猪喝水，以减少膀胱炎和子宫炎。栏养母猪在阴户上或阴户下发现白色的沉淀物，表明其饮水不足。

（二）哺乳母猪管理

临产母猪饲养管理的目标是做好分娩准备工作，减少母猪产前厌食、便秘等问题的发生，保护母猪的生殖健康，提高仔猪成活率，保证母猪产后食欲的恢复。

1. 临产母猪的饲养管理

（1）临产母猪的饲养。临产母猪在分娩前3~7天转入分娩舍，转舍后的第1餐适当控料，以减缓应激。母猪分娩前食欲不稳定，产前 3 ~ 5 天开始逐渐减料，产前 1 ~ 2 天减至正常喂料量的 1/3 ~ 1/2，尤其应减少大容量的粗饲料和糟渣类饲料，以降低胃肠道对产道的压力和防止产乳过多出现乳房炎。但是，对于膘情与乳房发育不好的母猪，产前不仅不应该减料，还应加喂蛋白质含量较多的植物性饲料或动物性饲料。当发现母猪有临产征兆时要停止喂料，喂易消化、营养较高的麸皮盐水汤，适量饲喂如鲜嫩苜蓿等蛋白质含量丰富的青绿饲料，以保证母猪顺产，还可防止分娩后消化不良、厌食等的发生。

（2）临产母猪的管理。临产母猪要保持猪体干净，转入分娩舍前彻底冲洗消毒，并驱除体外寄生虫，上产床后第 2 天再连猪带床进行一次消毒，产前 2 ~ 3 天可再次驱除体表寄生虫，杀灭从妊娠舍带来的病原体。从母猪上产床开始，用小苏打 5 ~ 10 克／（头·天）等拌料预防便秘。同时做好抗应激工作，使用 V_c 或开食补盐拌料连用 3 ~ 5 天。产前不吃料的母猪要及时治疗，可以采用一些中药促进食欲，再按照 10 毫克/千克的剂量肌肉注射阿莫西林 2 ~ 3 次。当母猪有临产征兆时，及时用温水清洗母猪的后躯、乳房和外阴，用 0.1% 高锰酸钾溶液对母猪腹下乳房部位和阴户进行消毒，并清洗产床，然后按照操作规程接产。

2. 哺乳母猪的饲养管理

哺乳母猪饲养管理的目标是最大限度地提高饲料采食量和总营养摄入量。这样不仅可以充分发挥母猪的泌乳潜力、促进仔猪的生长发育，而且可以使母猪维持良好的体况、促进母猪断奶后按期发情和提高母猪繁殖性能。

哺乳母猪的饲养除了要考虑常规营养的需求外，还要针对这一时期母猪的特殊生理特征给予特殊的营养考虑和饲养方式，根据母猪食欲、膘情和胎次等因素确定饲喂量和饲喂频率。

一般情况下，母猪在产仔后采食量逐渐增加，第一天饲喂不超过 1.5 千克，以后根据母猪膘情和仔猪数量每天增加 0.5 ~ 0.8 千克。产后 3 天内日喂 2 餐，产后 4 天改为 3 餐，产后 7 天日喂 4

餐以上，分娩后的 8～9 天尽可能达到采食量的高峰期。母猪一般正常采食量为 1.0～1.5 千克＋仔猪头数×0.5 千克，初产母猪的采食量通常比经产母猪低 20%。为使母猪达到最大化采食量，可分别采取自由采食、不限量饲喂，多餐制或时段式饲喂，夏季高温天气可以采用湿拌料提高采食量。

哺乳母猪在断奶前 3～5 天开始减料，从 5 千克/天以上逐渐减少到 1.5 千克/天，断奶当天可不喂或少喂。断奶前减料不但能够促进母猪回奶和仔猪在断奶前提高采食量，而且可以防止断奶后乳房炎的发生。限制饲喂量要根据母猪膘情，偏肥的可多限，偏瘦的可少限或不限料，在哺乳期因失重过多而瘦弱的母猪可适当提前断奶。

通常母猪在分娩后疲劳、口渴、体虚，要让其充分休息，保证充足的饮水供给，可以在饮水中添加一些能够被母猪直接吸收的单糖、氨基酸、维生素、矿物质等，促进母猪体力的迅速恢复。饲料中添加适量的电解质，有利于维持母猪机体电解质的平衡，减少母猪产后疾病的发生。例如，分娩后的母猪每天饲喂红糖 200 克，每天 2 次，连用 10 天，有利于母猪体力恢复和恶露的排出，并为下个繁殖周期奠定基础。分娩后母猪的生殖道仍处于开放状态，特别是当母猪分娩时间过长或难产都将造成体能损失过大，疾病抵抗力下降，易受病原微生物感染而致病，应采取必要的药物保健措施。母猪产后及时静脉滴注葡萄糖、催产素、阿莫西林以及安神健胃药如复方氨基比林、V_{B_1}、V_C 等，24 小时内肌注长效土霉素。从分娩当日起每天上午用 0.1% 的 $KMnO_4$ 清洗母猪后躯及擦洗乳房，擦洗完成后外阴部涂 5% 的碘酊，每天 1 次，连用 7 天。从分娩当天起在饲料中按照添加利高霉素（5 克/头），连续使用 5～7 天。可预防母猪产后感染和防止疾病垂直传播。人工助产后为防止产道感染，还需注射消炎针，如 480 万～800 万 IU 青霉素＋300 万～400 万 IU 链霉素，每天 1～2 次，连用 2～3 天。对于发生子宫脱、阴道脱、产后瘫痪、子宫炎、乳房炎和产后不吃料的母猪要积极治疗，适时输液，定期观察。要创造条件让母猪每天都能有一定的运动时间，以促进体质健壮，提高泌乳力，同时注意保护泌乳母猪的乳房和乳头。母猪乳腺的发育与仔猪的吮吸有关，可采取并窝、调栏等办法让所有乳头都能得到均匀利用，否则就会出现乳房大小不均。

五、乳仔猪、生长育肥猪管理

（一）新生仔猪的管理

1. 断脐

每头仔猪的脐带应在约 2 厘米处剪断，剩下部分在脐带康复时会自然脱落。

2. 断尾

断尾可以减少保育和生长阶段的咬尾事件。用消毒的钳子在距离尾根 2 ~ 3 厘米（公猪为阴囊上缘，母猪为阴门上缘）断尾，断端用碘酊消毒。

3. 打耳号

打耳号要规范，耳号钳要消毒，尽量避开血管，剪耳号后缺口处用碘酊消毒。

剪掉犬齿可防止小猪伤害母猪乳头或吮乳争抢时伤害同窝仔猪，通常用消毒的剪牙钳剪除犬齿。剪牙时应小心，牙齿应尽可能接近牙床表面剪断，切勿伤及牙床。牙床一旦受损，不仅妨碍小猪吮乳，而且受伤的牙床将成为潜在的感染点。

4. 补铁

新生仔猪体内只有少量的铁储备，并且母猪奶汁中含铁很少，因此应补充额外的铁。出生时马上补铁会对仔猪产生严重的应激。通常在生后 3 日内于颈部肌肉注射 1 ~ 2 毫升可溶性复合铁针剂。

5. 尽早吃足初乳

母猪产后 3 天内分泌的乳汁称初乳。初乳的营养成分与常乳不同，含有丰富的蛋白质、维生素和免疫抗体。初乳对仔猪有特殊的生理作用，能增加仔猪的抗病能力；初乳含有起轻泻作用的镁盐，可促进胎粪排出；初乳酸度高，有利于仔猪消化；初乳中所含各种营养成分极易被仔猪消化利用。因此，初乳是初生仔猪不可缺少、不可取代的食物。为此，尽早使初生仔猪能吃到充足的初乳非常重要。仔猪出生后，及时训练仔猪捕捉母猪乳头的能力，尽早给予第一次哺乳。若母猪分娩延长到 2 小时以上时，应不等分娩结束就要先将产下的仔猪放回母猪身边进行第一次哺乳。

6. 固定乳头

固定乳头是提高仔猪成活率的主要措施之一。全窝仔猪出生后，即可训练固定乳头，使仔猪在母猪喂乳时，能全部及时吃到母乳。否则，有的仔猪因未争到乳头耽误了吃乳，几次吃不到乳而使身体衰弱，甚至饿死。固定乳头应以自选为主，适当调整，对号入座，控制强壮，照顾弱小为原则。一般是把弱小仔猪固定在母猪中前部乳头吃乳，强壮的固定在后面，这样可使同窝仔猪生长整齐、良好、无僵猪，也可避免仔猪为争夺咬破乳头。若母猪产仔数少于乳头数，可让仔猪吃食 2 个乳头的乳汁，这对保护母猪乳房很有益。若母猪产仔数多于乳头数时，可根据仔猪强弱，将其分为两组轮流哺乳，或寄养给其他母猪，或人工哺养。

7. 寄养或并窝

母猪分娩时难产造成泌乳量不足或一窝仔猪头数超过 12 头时，需寄养或并窝。寄养应在分娩后两天内进行，以母猪产后胎衣、粘膜等涂抹于寄养仔猪上，同时在母猪鼻子上与仔猪身上擦些碘酒使母猪无法区分自产与寄养仔猪。

（二）哺乳仔猪饲养管理

1. 保温防压

（1）保温：初生仔猪体温调节能力差，对环境温度有较高要求。仔猪最适宜的环境温度：0～3日龄为29～35℃，3～7日龄为25～29℃，7～14日龄为24～28℃，14～21日龄为22～26℃，21～28日龄为21～25℃，28～35日龄为20～22℃。要采取特殊的保温措施为仔猪创造温暖的小气候环境。

第一，厚垫草保温。水泥地面上的热传导损失约15%，应在其上铺垫5～10厘米的干稻草，以防热的散失。但应注意训练仔猪养成定点排泄习惯，使垫草保持干燥。

第二，红外灯保温。将250瓦的红外灯悬挂在仔猪栏上方或保温箱内，通过调节灯的高度来调节仔猪床面的温度。此种设备简单，保温效果好。

第三，烟道保暖。在仔猪保育舍内，每两个相邻的猪床中间地下挖一个25～35厘米宽的烟道，上面铺砖，砖上抹草泥，在仔猪舍外面的坑内升火。此法设备简单、成本低、效果好。

第四，电热板加温。一般用作初生仔猪的暂时保温，其特点是保温效果好，清洁卫生，使用方便，但造价高。

（2）防压：据统计，压死仔猪一般占死亡总数的10%～30%，甚至更多，且多数发生在出生后7天内。主要原因有：第一、母猪体弱或肥胖，反应迟钝；第二、初产母猪无护仔经验；第三、仔猪体弱无力，行动迟缓，叫声低哑不足以引起母猪警觉。针对上述情况应采取有效的防压措施，以减少损失。如在母猪躺下前不能离人；听到仔猪异常叫声，应及时救护；发现母猪压住仔猪，应立即拍打其耳根，令其站起，救出仔猪。

2. 诱食和补料

母猪泌乳高峰期是在产后3～4周，以后泌乳量明显减少，而仔猪生长迅速，其营养需要与母乳供给不足存在严重矛盾。因此，对仔猪提早诱食和补料十分重要。仔猪从吃母乳过渡到吃饲料，称为诱食、开食或诱饲，一般要求在仔猪生后 7 日龄左右开始。将少量颗粒饲料洒在栏内地板上让仔猪在有兴趣时开始采食，最好放在小的、不易被拱翻、清洁的食槽中。食槽应放在显眼、离水源远、不易被母猪接触的地方。每天应分 5～7 次提供少量、干净、新鲜的补饲料，同时提供清洁、充足的饮水。当食欲增加时应增加饲喂量。

3. 去势

公母猪是否去势和去势时间取决于猪的品种、仔猪用途和猪场的生产管理水平。我国地方品种猪种性成熟早，肥育用仔猪如不去势，到一定阶段后，随着生殖器官的发育成熟会有周期性的发情表现，影响食欲和生长速度。公猪若不去势，其肉的膻味较浓影响食用价值。因此，地方品种仔猪必须去势后进行肥育。二元或三元杂交猪，在较高饲养管理水平条件下，6 个月龄左右即可出栏，母猪可不去势直接进行肥育，但公猪仍需去势。引进品种，因其生长迅速，肥育期短，不必去势。

一般肥育用仔猪，要求公猪在 20 日龄、母猪在 30～40 日龄前去势。仔猪去势后，应给予特殊护理，防止创口感染。

(三) 生长育肥猪管理

肉猪按其生长发育阶段可划分为 3 个时期，即小猪阶段（体重 20～35 千克的生长期）、中猪阶段（体重 36～60 千克的发育期）、大猪阶段（体重 61 千克以上的育肥期），其中，小猪阶段是养好育肥猪的关键之一。为确保育肥的健康生长发育，应作好以下准备工作。

进猪前的准备：猪舍至少有二周的空栏时间。此间要彻底消毒清洗，用 2% 氢氧化钠或石灰水消毒准备饲料；检查、修理猪舍内的设施；准备好疫苗，疫苗要求存放在冰箱内的一定要存放在冰箱内，防止失活。

· 仔猪的选择：要选择好的三元杂交或四元杂交猪，有活力、毛色光滑、鼻镜湿润、打过疫苗。千万不能从疫区和有病的猪场购买仔猪。

· 合理分群：育肥猪最好能一窝一栏饲喂，必要时可以按公母、大小、强弱来分群饲养。分群后用带气味的消毒液带猪消毒，可以防止互相打斗。饲喂的前几天要求限量饲喂，每天 4~6 次，以防采食过多而下痢，而后再改变饲喂方式。

· 调教：仔猪进入猪舍后，要及时调教，使采食、饮水、睡觉和排泄都能定位。对霸食、喜欢躺卧食槽的猪要进行管制。个别猪会随地大小便，要及时清除粪便到指定地方，并用带气味的消毒水掩盖原来的的地方。不能粗暴的对待猪。

· 驱虫：购入的仔猪经过 7~10 天的观察发现，没有疾病后，要及时驱虫。可以按说明书用伊维菌素注射液注射或者左旋咪唑饲喂。

饲喂次数：仔猪代谢旺盛，消化道体积小，并且为防止一次采食过多而引起消化不良，要坚持少勤喂添的原则，每天饲喂 4 次（体重 30 千克后改为 3 次）。如果对猪的瘦肉率要求不高，可实行自由采食。饲喂的方式可以是温喂或者干喂。

· 保持良好环境：环境对于猪的健康和生长速度很重要。必须保证每圈都有足够的饲养面积，或者每圈饲喂 15 头以下；温度要求在 20℃左右；猪圈要求保持清洁、干燥；冬季注意防寒保温，同时适当通风；夏季降暑时，不能直接撒水到猪身上，以防感冒。

六、地方品种猪饲养管理

地方品种猪即含有 50% 或以上中国地方品种猪种基因的猪种。其最大特点为味美、价格高、销售快，被定位于普通市场的高档产品。随着社会发展和人们生活水平的提高，地方品种猪猪肉也将成为人们喜爱的绿色肉食产品。因此饲养地方品种猪是当前和今后广大养殖户选择的一条养殖途径。

（一）地方品种猪的生物学特性

1. 繁殖力强

地方品种猪繁殖性能强，突出表现在母猪性成熟早，排卵数和产仔数多。地方品种猪种一般在 3~4 月龄开始发情，4~5 月龄即可配种。另外，地方品种猪母性好；若发现有人或其他动物靠近，它就会用身体挡住猪崽，全力保护。地方品种猪的繁殖力强也在公猪上得到表现，主要是睾丸增重较快。从 60 日龄开始，睾丸即迅速增长。从生精组织来看，地方品种猪的发育也比国外品种快。

2. 抗逆性强

地方品种猪抗逆性强主要体现在抗寒、耐热、耐粗饲和在低营养条件下饲养等都具有良好的表现。如我国东北地区的东北民猪，能耐受冬季 -30~-20℃ 的寒冷气候，在 -15℃ 条件下还能产仔和哺乳。高温季节，我国地方品种猪也可表现较好的耐热能力，没有像长白猪一样被热死的现象。我国地方品种猪耐粗饲能力主要表现在能大量利用青粗饲料和农副产品，能适应长期以青粗饲料为主的饲养方式，在低能量低蛋白营养条件下，能获得相应的增重，甚至比国外猪生长好。

3. 肉质优良

地方品种猪猪肉肉质优良主要表现在肌纤维数量较多、系水力强、pH 值高（6.5~7）、肉色纹理好、肉质细嫩、香味浓郁，产生 PSE 肉（灰白肉）和 DFD 肉（暗黑肉）的情况较少。地方品种猪肉质细嫩多汁，烹调时醇香可口，主要是因为肌肉脂肪含量较高，并且分布均匀。另外地方品种猪猪肉中含有大量的高级不饱和脂肪酸，一方面改善了肉的风味，另一方面可有效降低胆固醇在心血管和体组织、脑组织的沉积。这将成为地方品种猪猪肉的一大优势。

4. 生长速度比较缓慢，胴体较肥

我国地方品种猪生长缓慢，饲料利用率低，即使在全价饲料饲养的条件下，其生长性能仍低于国外品种和新培育的品种。地方品种猪初生重只有 700 克左右，生后发育低也是导致生长缓慢的原因之一。在同一试验条件下，地方品种猪的日增重低于国外引进品种；达到相同体重出栏体重，育肥期也长于国外品种。另外地方品种猪贮脂能力较强，表现在背腰厚，一般为 4 ~ 5 厘米；花板油比例大，为胴体重量的2% ~ 3%；胴体瘦肉率低，为40%左右。瘦肉率、眼肌面积、后腿比例均不如国外品种。

（二）地方品种猪的饲养管理技术要点

1. 地方品种猪猪舍建筑

地方品种猪猪舍应选择在地势干燥、背风向阳、平整的地方。猪舍为单列式和双列式均可。每头地方品种猪应占地0.8 ~ 1.2 平方米，每个猪圈养 8 ~ 12 头为宜。猪舍夏天要搭遮荫的凉棚，冬天要用塑料扣棚以提高室温。

2. 地方品种猪饲喂

全程使用生饲料饲喂，不喂熟饲料。哺乳母猪奶水多且营养丰富，能够满足乳仔猪对营养物质的需要。但随着乳仔猪日龄的增加，其营养需要也在增加，故为了促进大龄乳仔猪的生长发育，可使用优质乳猪料作为补充。后期为了保证地方品种猪的肉质，要适当减少能量饲料的供给，增加青绿饲料的比例，以保证地方品种猪的肉质脆而不烂；同时要适当控制地方品种猪的采食量避免猪体过肥。目前，为了满足市场的要求，有的养猪户实行种草和放牧结合进行养猪以提高猪肉品质。

3. 提供适宜的环境条件

为了保证地方品种猪有较好的生长态势，应为其提供适宜的环境条件。保证地方品种猪在不同生长阶段的不同温度需要，可有效地降低维持消耗，最大限度地提高饲料利用效率。温度对地方品种猪增重的影响，与湿度相联系，所以，湿度也应保持在适当的范围内，猪生长、育肥的最适温度为 15 ~ 25℃，湿度为 50% ~ 75%。另外，为了保证地方品种猪的生长，也应保持适宜的通风和光照。

4. 适当运动

适量的运动能增强地方品种猪的体质，减少疾病的发生；适当的运动也会使地方品种猪肉质脆而不烂，肥而不腻的独特风味更加突出。同时地方品种猪在运动过程中与富含铜、铁、钙等微量元素的天然黄泥接触，可充分补充与平衡饲料摄入微量元素的不足。

5. 驱虫

饲养地方品种猪也要注意驱除体内外寄生虫。驱除体内寄生虫可用敌百虫片、左旋咪唑片或伊维菌素等拌和饲料让其采食内服，间隔 7 天后再驱虫一次。驱除体外寄生虫可使用2%敌百虫溶液等药物，对猪体及所接触的猪栏各处进行喷雾，如一次不愈，可隔周再喷一次。

6. 防疫

防疫是畜牧生产的基本保障，饲养地方品种猪要做好防疫工作。在母猪临产前做好地方品种猪易发病的防疫工作，使小猪在母体内获得初步免疫力（但应注意某些疫苗可能会导致妊娠母猪流产）。在小猪出生25天后逐步进行易发疾病的防疫：猪瘟、猪肺疫、猪传染性胸膜肺炎、链球菌等。

7. 适时出栏

随着人们生活水平的提高，对瘦肉的需求较迫切。而地方品种猪早熟易肥，饲养到一定的阶段后胴体瘦肉率较低。地方品种猪适宜的屠宰体重在 70 ~ 80 千克。总的来说，地方品种猪具有繁殖力强、抗逆性强、肉味佳这些优点。随着人们生活水平的提高，对猪肉品质的要求也越来越高，地方品种猪饲养将会有较好的市场前景。

模块五　猪群保健与疾病防治

"防重于治，养重于防；养防结合，饲管优先。"是现代养猪生产永恒的主题。在目前猪病比较复杂的情况下，首先要做好猪群的免疫注射和药物保健工作，再配合科学的饲养管理，以及猪舍、场区的消毒工作，以确保猪群的健康，从而保证正常稳定的生产，创造更大的经济效益。

一、常规保健制度

（一）各季节保健的原则

我国四季气候迥异，季节间气温变化明显，如果此时猪体自身的调节功能不足，就可能对其造成一定危害，从而影响生长发育，甚至造成更大的损失。若能根据各季的气候特点及疾病的发生规律，在疾病发生之前进行针对性药物预防保健，则可以有效地预防多种常见病、多发病的发生（表5-1）。

表5-1　各季预防保健药方

季节	配方	组分	用法	功效
春	茵陈散	茵陈、桔梗、木通、苍术、连翘、柴胡、升麻、防风、槟榔、陈皮、青皮、泽兰、荆芥、当归等，以二丑、麻油为引	开水冲服或水灌服	解表理气、清热利水、消炎利胆
夏	消黄散	花粉、连翘、黄连、黄芩、黄柏、二母、栀子、二药、郁金、大黄、甘草	研末冲服或水煎服	清热解毒、生津补液、清肠泻火

（续表）

季节	配方	组分	用法	功效
秋	理肺散	二母、苏叶、桔梗、苍术、柴胡、当归、川芎、瓜蒌、川朴、杏仁、秦艽、百合、兜铃、木香、双皮、白芷，以蜂蜜为引	研末冲服或水煎服	润肺止咳、化痰止喘、理气解表
冬	茴香散	小茴、当归、川芎、川朴、二皮、苍术、纸壳、益智、槟榔、二丑、官桂、柴胡、生姜	研末冲服	温中散寒、理气活血、解表利水

　　春季气候由寒转暖，万物开始复苏，同时也是多种疾病易发的季节。此时猪体的新陈代谢刚开始增强，各种致病菌开始活跃，但猪体的抗病力尚未完全得到恢复，抗病能力仍然比较弱。因此，春季应及时疏通猪体代谢"通道"，以预防疾病的发生。

　　夏季气候炎热，湿气较重，如果管理不善，猪群极易患痈癀疮肿等瘟毒症及肺经积热诸症。因此夏季应以清热泻火、抗菌消炎为主。

　　秋季气候干燥，气候开始由热转凉，猪群易发生肺燥咳喘。因此，秋季应注意猪群的润肺止咳、理气平喘。

　　冬季气候寒冷，能量消耗较多，猪体代谢功能降低，抗逆性差，易受寒凝瘀血之患。因此，冬季应加强猪群抗寒、抗病能力以及开胃增进食欲等。

（二）各阶段猪群保健

1. 后备母猪

（1）保健目的。控制呼吸道疾病的发生，预防喘气病及胸膜肺炎等出现；清除后备母猪体内病原菌及内毒素；增强后备母猪的体质，促进发情，获得最佳配种率。

（2）推荐药物及方案：

①后备母猪在引入第一周及配种前一周，于饲料中适当添加抗应激药物如电解多维、VC、矿物质添加剂等和广谱抗生素药物

如支原净、强力霉素、利高霉素、泰乐菌素、阿莫西林、土霉素等。

②每吨饲料中添加支原净 100 毫克/千克 + 强力霉素 200 毫克/千克，连喂 5～7 天；或者每吨饲料中添加土霉素 400～500 毫克/千克或利高霉素 1 千克 + 阿莫西林 300 毫克/千克，连喂 5～7 天。

2. 妊娠、哺乳母猪

（1）保健目的：驱虫、预防喘气病、预防子宫炎，提高妊娠质量。

（2）推荐药物及方案：

①妊娠母猪对抗生素要求高，必须使用安全性高的药物，有严格的剂量控制。

②根据流行的不同疾病特点，妊娠前期进行一次集中于饲料用药

如每吨饲料中添加支原净 100 毫克/千克 + 磺胺五甲嘧啶嘧啶 200g + TMP40g + 土霉素 400g/强力霉素 150 毫克/千克，连喂 7 天。

③临产前后 7 天，每吨饲料添加利高霉素 1 千克 + 强力拜固舒（抗应激）500g 或者支原净 100 毫克/千克 + 土霉素 400g，连喂 5～7 天。

④可在分娩当天肌注青霉素 1 万～2 万单位/千克体重，链霉素 100 毫克/千克体重，或肌注氨苄青霉素 20 毫克/千克体重，或肌注庆大霉素 2～4 毫克/千克体重，或长效土霉素 5 毫升。

3. 哺乳仔猪

（1）保健目的：

①初生仔猪（0～6 日龄）预防母源性感染（如脐带、产道、哺乳等感染），主要对大肠杆菌、链球菌等。

②5～10 日龄开食前后，要控制仔猪开食时发生感染及应激。

（2）推荐药物及方案：

①仔猪吃初乳前口服庆大霉素或氟哌酸 1 ~ 2 毫升，或土霉素半片。

②仔猪出生后 2 ~ 3 天补铁、补硒，如出生后第 2 天于大腿内侧深部注射含硒铁剂，1.2 毫升/头；同时肌注"得米先"（美国硕腾）0.5 毫升/头；可选择 7 天再注射一次，或 7、21 天各注射一次。

③5 ~ 7 日龄开食补料前后，适当添加一些抗应激药物如开食补盐、Vc、多维、电解质等。

④恩诺沙星、诺氟沙星、氧氟沙星及环丙沙星饮水：每千克水加 50 毫克；拌料：每千克饲料加 100 毫克；

⑤新霉素：每千克饲料添加 110 毫克，母仔共喂 3 ~ 5 天。

⑥强力霉素、阿莫西林：每吨仔猪料各加 300 克，连喂 5 ~ 7 天。

⑦呼肠舒：每吨仔猪料加 2 千克连喂 5 ~ 7 天。

4. 断奶仔猪（保育段）

（1）保健目的：

①21 ~ 28 日龄断奶前后仔猪预防气喘病和大肠杆菌病等。

②60 ~ 70 日龄小猪预防喘气病及胸膜肺炎、大肠杆菌病和寄生虫。

③减少断奶应激，预防断奶后腹泻和呼吸系统疾病。

（2）推荐药物及方案：

①在断奶转群至保育 3 天内，于饲料中或饮水中添加电解多维，以减少应激。

②断奶前后，可用普鲁卡因青霉素 + 金霉素 + 磺胺二甲嘧啶，拌喂 1 周；

③断奶后，每吨饲料添加支原净 100 毫克/千克 + 阿莫西林 300 毫克/千克，连喂 5 ~ 7 天。

④转群前 5 天，于每吨饲料中添加药物支原净 100 毫克/千克 + 磺胺五甲嘧啶 400g + TMP80g + 强力霉素 200 毫克/千克，连

喂 5 ~ 7 天。

5. 肥育猪

（1）保健目的：此阶段主要是预防寄生虫、呼吸系统疾病和促生长。重点注意 13 ~ 15 周龄、18 ~ 20 周龄两阶段。

（2）推荐药物及方案：

①保育转群至育肥后饲料中添加电解多维及药物，每吨饲料中添加氟苯尼考 2.5 千克 + 强力霉素 200 毫克/千克或者泰乐菌素 250g + 金霉素 300 毫克/千克，连用 7 天。

②促生长剂：可添加速大肥和黄霉素等。

③驱虫用药：可选择伊维菌素、阿维菌素等。

④以后每间隔一个月用药一周，脉冲式不重复用药。

二、防疫制度制定及免疫接种措施

（一）猪场消毒制度

为了控制传染源，切断传播途径，确保猪群的安全，必须严格做好日常的消毒工作。规模化猪场日常消毒程序如下。

1. 非生产区消毒

（1）凡一切进入养殖场人员（来宾、工作人员等）必须经大门消毒室，并按规定对体表、鞋底和人手进行消毒。

（2）大门消毒池长度为进出车辆车轮 2 个周长以上，消毒池上方最好建顶棚，防止日晒雨淋，并且应该设置喷雾消毒装置。消毒池水和药要定期更换，以保持消毒药的有效浓度。

（3）所有进入养殖场的车辆（包括客车、饲料运输车、装猪车等）必须严格消毒，特别是车辆的挡泥板和底盘必须充分喷透，驾驶室等必须严格消毒。

（4）办公室、宿舍、厨房及周围环境等必须每月大消毒一次。疫情爆发期间每天必须消毒 1 ~ 2 次。

2. 生产区消毒

（1）生产人员（包括进入生产区的来访人员）必须更衣消毒沐浴，或更换一次性的工作服，换胶鞋后通过脚踏消毒池（消毒桶）才能进入生产区（图5-1）。

图5-1 生产人员消毒

（2）生产区入口消毒池每周至少更换池水、池药2次，以保持有效浓度。生产区内道路及5米范围以内和猪舍间空地每月至少消毒两次。售猪周转区、赶猪通道、装猪台及磅秤等每售一批猪都必须大消毒一次。

（3）更衣室要每周末消毒一次，工作服在清洗时要消毒。

（4）分娩保育舍每周至少消毒两次，配种妊娠舍每周至少消毒一次。肥育猪舍每两周至少消毒一次。

（5）猪舍内所使用的各种饲喂、运载工具等必须每周消毒一次。

（6）饲料、药物等物料外表面（包装）等运回后要进行喷雾或密闭熏蒸消毒。

（7）病死猪要在专用焚化炉中焚烧处理，或用生石灰和烧碱拌撒深埋。活疫苗使用后的空瓶应集中放入装有盖塑料桶中灭菌处理，防止病毒扩散。

3. 消毒注意事项

（1）消毒前，必须保证所消毒物品或地面清洁，否则起不到消毒作用。

（2）消毒剂的选择要具有针对性，要根据本场经常出现或存在的病原菌来选择。

（3）消毒剂要根据厂家说明的方法进行操作，要保证新鲜，要现用现配，配好再用，忌边配边用。

（4）消毒作用时间一定要达到使用说明书要求，否则会影响效果或起不到消毒作用。

常用消毒药剂使用方法如表 5 – 2 所示。

表 5 – 2　常用消毒药使用方法

消毒药种类	消毒对象及适用范围	配制浓度
烧碱	大门消毒池、道路、环境 猪舍空栏	3% 2%
生石灰	道路、环境 猪舍墙壁、空栏	直接使用 调制石灰乳
过氧乙酸	猪舍门口消毒池、赶猪道、 道路、环境	1∶200
卫康（氧化＋氯）	生活办公区 猪舍门口消毒池、 猪舍内带猪体消毒	1∶1 000
农福（酚）	生活办公区 猪舍门口消毒池、 猪舍内带猪体消毒	1∶200
消毒威（氯）	生活办公区 猪舍门口消毒池、 猪舍内带猪体消毒	1∶2 000
百毒杀（季胺盐）	生活办公区 猪舍门口消毒池、 猪舍内带猪体消毒	1∶1 000

4. 配套防疫措施

（1）隔离：建立健全完善的隔离制度，并严格实施。

①人员隔离。生产区、生活区和污水处理区要严格隔离开来。凡进入生产区人员都应洗澡、更衣、换鞋帽后才准许进入生产区，非生产工作人员禁止进入生产区。生产区各栋舍人员保持相对稳定，不互串栋舍。外出或休假员工回场应先在生活区隔离净化至少48小时后方可按场内人员同样方法洗澡、淋浴进入生产区工作。出猪台人员严格区分内外界线，场内赶猪人员把猪赶至围栏处的隔离带返回，不得超出隔离墙。外界接猪人员再把猪赶上装猪台装车。

②猪只隔离。场内猪只采取单向流动，即哺乳→保育→生长肥育→出栏，不得回头。场内道路净道与污道严格区分，饲料工作人员走净道，猪粪、胎衣、患猪、死猪由污道通行，不得交叉。新引进的后备母猪应在场外隔离舍隔离4～6周，隔离舍至少远离猪场100m。此外在猪场下风处应设患猪隔离舍、病死猪解剖室和"堆肥法"病死猪处理场。

③车辆隔离。车辆分为场内生产区车辆和生产区外用车，非生产区车辆严禁进入生产区，生产区内车辆严禁驶出生产区外。运送饲料的车辆只能在饲料厂或料仓内通过输送带或绞龙把饲料送入场内料车或料仓内，不得直接送入生产区内。送猪车由场内装猪车装好，送至猪场围墙外出猪台实行远距离对接或赶入场外专设装猪台后，再赶上卖猪车。

④物品的隔离。进入生产区的各种物品，如疫苗、药物、消毒剂以及各种用具、工具均要经过3间互不同时开关的3个门通道，其中，中间一间为福尔马林蒸气熏蒸消毒间，彻底消毒后由内一间送入场内。

（2）实施全进全出的饲养工艺：生产线上分娩保育、生长肥育、怀孕等各个环节都严格实行全进全出饲养制度。每批次猪只转栏或出栏后的空栏，先清洁卫生，再高压冲洗，待干后用不同消毒药消毒 3 次，空闲最少 7 ~ 10 天再进下一批猪只，这样可有效地切断疫病的传播途径，防止病原微生物在群体中形成连续感染、交叉感染。

（二）免疫接种

后备母猪、仔猪、免疫注射部位及针头选择见表 5 - 3、表 5 - 4、表 5 - 5、表 5 - 6。

1. 后备母猪

表 5 - 3　后备母猪产数

阶段	日龄	疫苗	参考厂家	剂量（毫升）	备注
	150	猪瘟	广东永顺 ST 苗	3	
	157	伪狂犬		1	
	164	口蹄疫	中农威特	3	
	171	乙脑	海利	2	
	178	细小	武汉科前	2	
后备母猪	185	蓝耳	勃林格	1	存在萎缩性鼻炎、魏氏梭菌时，自行添加
	192	圆环	梅里亚	2	
	202	乙脑二免	湖南亚华	2	
	209	细小二免	武汉科前	2	
	216	蓝耳二免	勃林格	1	
	223	圆环二免	梅里亚	2	

2. 经产母猪

表5-4　经产母猪产数

阶段	疫苗	参考厂家	普放	剂量	备注
经产母猪	猪瘟	广东永顺ST苗	3次/年	3头份	时间以场内情况定
	伪狂犬	进口厂家	4次/年	1头份	时间以场内情况定
	口蹄疫	中农威特	3次/年	3	时间以场内情况定
	乙脑	海利	2次/年	1头份	每年3、9月
	蓝耳	勃林格	如果以前未防疫过，先普防两次后再跟胎做，两次普放间隔1个月时间	1头份	时间以场内情况定
	圆环	梅里亚		1头份	

3. 仔猪

表5-5　仔猪

阶段	日龄	疫苗	参考厂家	剂量	备注
仔猪	3	伪狂犬	勃林格	1头份滴鼻	如果母猪已做梅里亚圆环，仔猪猪群在稳定情况下可以考虑不做，仔猪群不稳定的，坚持此程序执行，直至稳定，再逐步考虑不做，如母猪未做，仔猪执行此程序
	7	支原体	勃林格或硕腾	2	
	12~14	蓝耳	勃林格	1头份	
	21~25	圆环	勃林格	2	
	35	猪瘟	广东永顺ST苗	1.5头份	
	45	伪狂犬	勃林格	1头份	
	55	猪瘟	广东永顺（ST苗）	2	
	65	口蹄疫	中农威特（高效）	3	
	95	口蹄疫	中农威特（高效）	4	

4. 注射部位及针头选择

表 5 - 6　注射部位及针头选择

猪只体重 （千克）	所用针头型	注射部位	备注
1.5 ~ 2	7 * 13	耳后一指宽，中上部	仔猪超免
2 ~ 4	9 * 13	耳后一指宽，中上部	产房乳猪
4 ~ 6	9 * 15	耳后一指宽，中上部	产房乳猪
6 ~ 20	12 * 20	耳后二指宽，中上部	保育仔猪
20 ~ 70	12 * 25 或 16 * 25	耳后二指宽，中上部	生长猪群
70 ~ 120	12 * 38 或 16 * 38	耳后三指宽，中上部	后备猪群或育成猪
≥120 上	12 * 38 或 16 * 38	耳后三指宽，中上部	种猪群或育肥大猪

5. 疫苗注射注意事项

（1）疫苗为特种兽药，购买后要认真阅读说明书，严格按照说明书要求对疫苗采取冷冻或冷藏保存。

（2）疫苗免疫接种前，应详细了解接种猪只的健康状况。凡瘦弱、有慢性病、怀孕后期或饲养管理不良的猪只不宜使用。

（3）在进行疫苗免疫接种时，疫苗从冰箱取出后，应恢复至室温再进行免疫接种。

（4）气温骤变时停止接种，在高温或寒冷天气注射时，应选择合适时间注射，并提前 2 ~ 3 天在饲料或饮水中添加抗应激药物，可有效减轻猪的应激反应。

（5）稀释后的疫苗要在 4 小时内用完，对未用完的疫苗要深埋处理。

三、主要传染病防治措施

（一）猪瘟

1. 临床症状

常分急性败血型和慢性温和型两种（非典型性）。急性型临床表现：体温升高至 40.5 ~ 42℃，眼结膜潮红，先便秘后腹泻。口黏膜和眼结膜有小出血点，耳尖、腹下、四肢内侧皮肤有出血斑和紫斑。慢性型临床表现：主要症状轻微，死亡率低，仅仔猪感染有较高死亡率。

2. 剖检病变

急性型：颌下、咽背、腹股沟、支气管、肠系膜等处的淋巴结较明显肿胀，外观颜色从深红色到紫红色，切面呈红白相间的大理石样；脾脏不肿胀，边缘常可见到紫黑色突起（出血性梗死），有梗死灶；肾脏色较淡呈土黄色，表面点状出血，肾乳头、肾盂常见有严重出血；胃底部黏膜出血溃疡；喉头、膀胱黏膜、会厌软骨黏膜有出血点。慢性型特征性病变为回盲口的纽扣状溃疡。

3. 防治

目前，尚无有效的药物治疗猪瘟，发病后主要控制继发感染。最重要的就是严格做好综合预防措施。

（1）对病猪和可疑病猪应立即隔离或扑杀，康复后再接种猪瘟弱毒苗；对同群猪要固定专人就地观察和护理，严禁扩散或转移。

（2）对假定健康猪紧急接种猪瘟弱毒苗。

（3）采用大剂量猪瘟疫苗（10 ~ 20 头份或更大剂量）对可疑病猪接种，有一定疗效。

（4）对猪舍环境及用具进行紧急消毒，消毒最好用氢氧化钠溶液、草木灰水或漂白粉液。

（二）猪口蹄疫

1. 临床症状

体温升高到 40℃以上；成年病猪以蹄部水泡为主要特征，口腔粘膜、鼻端、蹄部和乳房皮肤发生水疱溃烂；乳猪多表现急性胃肠炎、腹泻、以及心肌炎而突然死亡。

2. 剖检病变

心脏、心包膜有出血斑点；心包积液；心肌切面可见灰白色或淡黄色斑点或条纹，称虎斑心；胃肠粘膜出血性炎症。

3. 防治

（1）控制：免疫口蹄疫灭活油苗，所用疫苗的病毒型必须与该地区流行的口蹄疫病毒型相一致；同时选用对口蹄疫病毒有效的消毒剂。

（2）预防：后备母猪（4月龄）、生产母猪配种前、产前1个月、断奶后1周龄时肌注猪口蹄疫灭活油苗；所有猪只在每年十月份注射口蹄疫灭活苗。

（三）伪狂犬病

1. 临床症状

公猪睾丸肿胀，萎缩，甚至丧失种用能力；母猪返情率高；妊娠母猪发生流产、产死胎、木乃伊；新生仔猪大量死亡，4~6日龄是死亡高峰；病仔猪发热、发抖、流涎、呼吸困难、拉稀、有神经症状；扁桃体有坏死、炎症；肺水肿；肝、脾有直径1~2毫米坏死灶，周围有红色晕圈；肾脏布满针尖样出血点。确诊可用病死猪或脊髓组织液接种兔子，如2天后兔子的接种部位奇痒，兔子从舔接种点发展到用力撕咬，持续4~6小时死亡可确诊本病。

2. 防治

（1）正发伪狂犬病猪场：用IgE缺失弱毒苗对全猪群进行紧急预防接种，4周龄内仔猪鼻内接种免疫，4周龄以上猪只肌肉注射；2~4周后所有猪再次加强免疫，并结合消毒、灭鼠、驱杀蚊蝇等全面的兽医卫生措施，以较快控制发病。

（2）伪狂犬病阳性猪场。

①生产种猪群：用gE缺失弱毒疫苗，肌肉注射，每年3~4次免疫。

②引进的后备母猪：用 gE 缺失弱毒疫苗，肌肉注射，2～4周后，再次肌肉注射加强免疫。

③仔猪和生长猪：用 gE 缺失弱毒疫苗，3 日龄鼻内接种，4～5 周龄鼻内接种加强免疫，9～12 周龄肌肉注射免疫。

（四）猪繁殖与呼吸综合征

1. 临床症状

怀孕母猪咳嗽，呼吸困难，怀孕后期流产，产死胎、木乃伊或弱仔猪，有的出现产后无乳；新生仔猪病猪体温升高 40℃ 以上，呼吸迫促及运动失调等神经症状，产后 1 周内仔猪的死亡率明显上升。有的病猪在耳、腹侧及外阴部皮肤呈现一过性青紫色或蓝色斑块；3～5 周龄仔猪常发生继发感染，如嗜血杆菌感染；育肥猪生长不均；主要病变为间质性肺炎。

2. 剖检病变

肺脏呈红褐花斑状，腹股沟淋巴结明显肿大；胸腔内有大量的清亮的液体；常继发支原体或传染性胸膜肺炎。

3. 防治

（1）控制：母猪分娩前 20 天，每天每头猪给阿斯匹林 8 克，或者按 3 天给 1 次喂服，喂到产前一周停止，可减少流产；其他猪可按每千克体重 125～150 毫克阿斯匹林添加于饲料中喂服；同时使用呼乐芬或恩诺沙星等控制继发细菌感染。

（2）预防：后备猪 4 月龄时用弱毒苗首免，1～2 个月后加强免疫；仔猪断奶后用弱毒苗免疫。

（五）细小病毒病

1. 临床症状

多见于初产母猪发生流产、死胎、木乃伊或产出的弱仔，以产木乃伊胎为主；经产母猪感染后通常不表现繁殖障碍现象，且无神经症状。在引起繁殖障碍的症状和剖检病变上与乙型脑炎相似，应加以区分。

2. 防治

（1）防止把带毒猪引入无此病的猪场。引进种猪时，必须检验无此病，才能引进。

（2）后备母猪和育成公猪在配种前一个月免疫注射。

（3）在本病流行地区内，可将血清学反应阳性的老母猪放入后备种猪群中，使其受到自然感染而产生自动免疫。

（4）因本病发生流产或木乃伊同窝的幸存仔猪，不能留作种用。

（六）日本乙型脑炎（流行性乙型脑炎）

1. 临床症状

主要在夏季至初秋蚊子孳生季节流行。发病率低，临床表现为高热、流产、产死胎和公猪睾丸炎。死胎或虚弱的新生仔猪可能出现脑积水等病变。

2. 剖检病变

脑内水肿，颅腔和脑室内脑脊液增量，大脑皮层受压变薄，皮下水肿，体腔积液，肝脏、脾脏、肾脏等器官可见有多发性坏死灶。

3. 防治

（1）一旦确诊最好淘汰。

（2）做好死胎儿、胎盘及分泌物等的处理。

（3）驱灭蚊虫，注意消灭越冬蚊。

（4）在流行地区猪场，在蚊虫开始活动前 1~2 个月，对 4 月龄以上至两岁的公母猪，应用乙型脑炎弱毒疫苗进行预防注射，第二年加强免疫一次。

（七）猪传染性胃肠炎

1. 临床症状

多流行于冬春寒冷季节，即 12 月至翌年 3 月。大小猪都可发病，特别是 24 小时～7 日龄仔猪。病猪呕吐（呕吐物呈酸性）、水泻、明显的脱水和食欲减退。哺乳猪胃内充满凝乳块，黏膜充血。

2. 剖检病变

整个小肠肠管扩张，内容物稀薄，呈黄色、泡沫状，肠壁弛缓、缺乏弹性，变薄有透明感，肠黏膜绒毛严重萎缩；胃底黏膜潮小点状或斑状出血，胃内容物呈鲜黄色并混有大量乳白色凝乳块（或絮状小片），胃幽门区有溃疡灶或坏死区。

3. 防治

（1）控制：在疫病流行时，可用猪传染性胃肠炎病毒弱毒苗作乳前免疫；防止脱水、酸中毒，给发病猪群口服补液盐；使用抗菌药控制继发感染；用卫康、农福、百毒杀带猪消毒，一天一次，连用 7 天，以后每周 1～2 次。

（2）预防：给妊娠母猪免疫（产前 45 天和 15 天）弱毒苗；肌注免疫效果差；小猪初生前 6 小时应给于足够初乳；若母猪未免疫，乳猪可口服猪传染性胃肠炎病毒弱毒苗；二联灭活苗作交巢穴（后海穴）（猪尾根下、肛门上的陷窝中）注射有效。

（八）猪流行性腹泻

1. 临床症状

多在冬春发生，传播较慢，要在 4～5 周内才传遍整个猪场，往往只有断奶仔猪发病，或者各年龄段均发的现象。呕吐、腹泻、明显的脱水和食欲缺乏，病猪粪便呈灰白色或黄绿色，水样并混有气泡流行性腹泻；大小猪几乎同地发生腹泻；大猪在数日内可康复，乳猪有部分死亡。

2. 防治

用猪流行性腹弱毒苗在产前 20 天给妊娠母猪作交巢穴（后海穴）或肌肉注射。

（九）猪链球菌病

1. 临床症状

新生仔猪发生多发性关节炎、败血症、脑膜炎，但少见；乳猪和断奶仔猪发生运动失调，转圈，侧卧、发抖，四肢作游泳状划动（脑膜炎）。剖检可见脑和脑膜充血、出血。有的可见多发性关节炎、呼吸困难。在最急性病例，仔猪死亡而无临床症状；肥育猪常发生败血症，发热，腹下有紫红斑，突然死亡。病死猪脾肿大。常可见纤维素性心包炎或心内膜炎、肺炎或肺脓肿、纤维素性多关节炎、肾小球肾炎；母猪出现歪头、共济失调等神经症状、死亡和子宫炎；E群猪链球菌可引起咽部、颈部、颌下局灶性淋巴结化脓。C群链球菌可引起皮肤形成脓肿。

2. 防治

（1）治疗：给病猪肌注抗菌药＋抗炎药，经口给药无效。目前，较有效的抗菌药为头孢噻呋（Ceftiofur），每日每千克体重肌注5.0毫克，连用3~5天；青霉素＋庆大霉素、氨苄青霉素或羟氨苄青霉素（阿莫西林）、头孢唑啉钠、恩诺沙星、氟甲砜霉素等。也有一些菌株对磺胺＋TMP敏感，肌注给药连用5天。

（2）预防：做好免疫接种工作，建议在仔猪断奶前后注射2次，间隔21天。母猪分娩前注射2次，间隔21天，以通过初乳母源抗体保护仔猪。

（十）猪附红细胞体病

1. 临床症状

猪附红细胞体病通常发生在哺乳猪、怀孕的母猪以及受到高度应激的肥育猪。发生急性附红细胞体病时，病猪体表苍白，高热达42℃。有时黄疸。有时有大量的瘀斑，四肢、尾特别是耳部边缘发紫，耳廓边缘甚至大部分耳廓可能会发生坏死；严重的酸中毒、低血糖症；贫血严重的猪厌食、反应迟钝、消化不良；母猪乳房以及阴部水肿 1~3 天；母猪受胎率低，不发情，流产，产死胎、弱仔。剖检可见病猪肝肿大变性，呈黄棕色；有时淋巴结水肿，胸腔、腹腔及心包积液。

2. 防治

（1）治疗：

①猪附红细胞体现归类为支原体。临床上，常给猪注射强力霉素 10 毫克/千克体重/天，连用 4 天，或使用长效土霉素制剂。对于猪群，可在每吨饲料中添加 800 克土霉素（可加 130 毫克/千克阿散酸，以使猪皮肤发红），饲喂 4 周，4 周后再喂 1 个疗程。效果不佳时，应更换其他敏感药物。

②同时采取支持疗法，口服补液盐饮水，必要时进行葡萄糖输液，加 $NaHCO_3$。必要时给仔猪、慢性感染猪注射铁剂（200 克葡萄糖酸铁/头）。

③混合感染时，要注意其他致病因素的控制。

（2）预防：

①切断传播途径：注射时换针头；断尾、剪齿、剪耳号的器械在用于每一头猪之前要消毒；定期驱虫，杀灭虱子和疥螨及吸血昆虫；防止猪群的打斗、咬尾；在母猪分娩中的操作要带塑料手套。

②防制猪的免疫抑制性因素及疾病，包括减少应激。

（3）猪群药物防治：每吨饲料中添加 800 克土霉素加 130 克阿散酸，饲喂 4 周，4 周后再喂 1 个疗程。也可使用上述其他对支原体敏感的药物，如恩诺沙星、二氟沙星、环丙沙星、泰妙菌素、泰乐菌素或北里霉素、氟甲砜霉素等。预防时，作全群拌料给药，连用 7~14 天，或采取脉冲方式给药。

（十一）仔猪水肿病

1. 临床症状

一般在断奶后 10~14 天出现症状。多发于吃料多、营养好、体格健壮的仔猪；突然发病；病猪共济失调，有神经症状，局部或全身麻痹；体温正常；病死猪眼睑、头部皮下水肿；胃底部黏膜、肠系膜水肿。

2. 防治

（1）控制：发病猪的治疗效果与给药时间有关。一旦神经症状出现，疗效不佳。

（2）预防：断奶后3~7天在饮水或料中添加抗菌药，如呼肠舒、氧氟沙星、环丙沙星等，连给1~2周。目前，常用的抗菌药有强力霉素、氟甲砜霉素、新霉素、恩诺沙星等。使用抗菌药治疗的同时，配合使用地塞米松。对病猪还可应用盐类缓泻剂通便，以减少毒素的吸收。

（十二）仔猪副伤寒

1. 临床症状

多见于2~4月龄的猪。持续性下痢，粪便恶臭，有时带血，消瘦；耳、腹及四肢皮肤呈深红色，后期呈青紫色（败血症）；有时咳嗽；扁桃体坏死；肝、脾肿大，间质性肺炎；肝、淋巴结发生干酪样坏死；盲肠、结肠有凹陷不规则的溃疡和伪膜；肠壁变厚（大肠坏死性肠炎）。

2. 防治

（1）控制：常用药物有氟甲砜霉素、新霉素、恩诺沙星、复方新诺明等，这些药物再配合抗炎药使用，疗效更佳。例如，氟甲砜霉素：口服50~100毫克/千克体重/天，肌注30~50毫升/千克体重/天，疗程4~6天，再配合地塞米松肌注；病死猪要深埋，不可食用，以免发生中毒。对尚未发病猪要进行抗菌素药物预防。

（2）预防：仔猪断奶后，免疫接种仔猪副伤寒弱毒冻干疫苗，肌注口服均可。

（十三）猪断奶后多系统衰竭综合征

1. 临床症状

该病多发于 6～12 周（5～14 周，即断奶后3～8 周），很少影响哺乳仔猪。病猪被毛粗糙，体表苍白，黄疸，有的皮肤有出血点，腹股沟淋巴结明显肿大；剖检病变为淋巴结肿大，但不出血，特别是腹股沟淋巴结、髂骨下淋巴结、肠系膜淋巴结。躯体消瘦、苍白，有时黄疸；肺呈橡皮样（间质性肺炎）；肝脏可能萎缩，呈青铜色；肾脏苍白，不一定出血，在肾皮质部常见白色病灶（间质性肾炎）；食道部、回盲口处溃疡；时常合并感染副猪嗜血杆菌病、沙门氏菌病、链球菌病、葡萄球菌病。

2. 防治

目前尚无有效的治疗方法。可使用敏感抗菌药控制继发感染。预防可采用一般的生物安全措施。

（十四）猪喘气病（猪支原体肺炎）

1. 临床症状

病猪咳嗽、喘气，腹式呼吸；两肺的心叶、尖叶和膈叶对称性发生肉变至胰变；自然感染的情况下，易继发巴氏杆菌、肺炎球菌、胸膜肺炎放线杆菌。

2. 鉴别诊断

应将本病与猪流感、猪繁殖与呼吸综合征、猪传染性胸膜肺炎、猪肺丝虫、蛔虫感染（多见于3～6 月仔猪）等进行鉴别。

3. 防治

（1）母猪产前产后、仔猪断奶前后，在饲料中拌入 100 毫克/千克枝原净，同时以 75 毫克/千克恩诺沙星的水溶液供产仔母猪和仔猪饮用；仔猪断奶后继续饮用 10 天；同时需结合猪体与猪舍环境消毒，逐步自病猪群中培育出健康猪群；或以 800 毫克/千克呼诺玢、土霉素、金霉素拌料，脉冲式给药。

（2）免疫：7~15 日龄哺乳仔猪首免 1 次；到 3~4 月龄时确定留种用猪进行二免，供育肥不做二免。种猪每年春秋各免疫 1 次。

（十五）猪胸膜肺炎

1. 临床症状

常发于 6 周至 3 月龄猪。在急性病例中，病猪昏睡、废食、高热。时常呕吐、拉稀、咳嗽。后期呈犬坐姿势，心博过速，皮肤发紫，呼吸极其困难。剖检可见，严重坏死性、出血性肺炎，胸腔有血色液体。气道充满泡沫、血色、黏液性渗出物。双侧胸膜上有纤维素粘着，涉及心叶、尖叶。在慢性病例中，病猪有非特异性呼吸道症状，不发热或低热。剖检可见，纤维素性胸膜炎，肺与胸膜粘连，肺实质有脓肿样结节。鉴别诊断：应将本病与猪流感、猪繁殖与呼吸综合征、单纯性猪喘气病等进行鉴别。

2. 防治

（1）治疗：仅在发病早期治疗有效。治疗给药宜以注射途径。注意用药剂量要足。目前常用的药物：首选氟苯尼考（氟甲砜霉素）；其次氧氟沙星或环丙沙星或恩诺沙星或二氟沙星等。

（2）预防：用包含当地的血清型的灭活菌苗进行免疫。在饲料中定期添加易吸收的敏感抗菌药物。

（十六）猪肺疫（猪巴氏杆菌病）

1. 临床症状

气候和饲养条件剧变时多发。急性病例高热。急性咽喉炎，颈部高度红肿。呼吸困难，口鼻流泡沫。咽喉部肿胀出血，肺水肿，有肝变区，肺小叶出血，有时发生肺黏连。脾不肿大。鉴别诊断：应将此病与猪流感、猪传染性萎缩性鼻炎、猪传染性胸膜肺炎、仔猪副伤寒、单纯性猪喘气病等进行鉴别。

2. 防治

（1）药物选用头孢菌素类和磺胺类药物治疗有较好的效果。

（2）在用抗菌药肌肉注射的同时可选用其他抗菌药拌料口服。每吨饲料添加磺胺嘧啶800g，TMP100g，连续混饲给药3天。

（3）该病常继发于猪气喘病和猪瘟的流行过程中。猪场做好其他重要疫病的预防工作可减少本病的发生。预防本病时要做好猪群定期的免疫接种。

（十七）猪丹毒

1. 临床症状

多发生于夏天3~6月龄猪，病猪体温升高。多数病猪耳后、颈、胸和腹部皮肤有轻微红斑，指压退色，病程较长时，皮肤上有紫红色疹块，呕吐。胃底区和小肠有严重出血，脾肿大，呈紫红色。淋巴结肿大，关节肿大。鉴别诊断：病猪肌肉震颤，后躯麻痹。粪中带血，气味恶臭。全身皮肤瘀血，可视黏膜发绀，口腔、鼻腔、肛门流血。头部震颤，共济失调。胃及小肠黏膜充血、出血、水肿、糜烂。腹腔内有蒜臭样气味。脾肿大、充血，胸膜、心内外膜、肾、膀胱有点状或弥漫性出血。慢性病例眼瞎，四肢瘫痪。

2. 防治

青霉素、氧氟沙星或恩诺沙星等治疗有显著疗效。及时用青霉素按每千克体重1.5万~3万单位，每天2~3次肌注，连用3~5天。绝大多数病例的疗效良好，极少数不见效，可选用氧哌嗪青霉素，若与庆大霉素合用，疗效更好。

四、兽药使用知识

随着人们生活水平的日益提高，畜产品的质量越来越受到消费者的普遍关注，而直接为畜牧业发展起保障作用的兽药，逐渐成为保证畜产品质量安全的关键因素。

（一）个体给药法

1. 经口投药法

是将药液或药片直接灌（放）入口腔的给药方法。经口投药操作简便，剂量准确，但药物吸收较慢，受消化液的影响，生物利用度低，药效出现迟缓，且花费人工较多。

（1）口内灌药　给小猪灌药时，助手提起动物两耳（角）或前肢，术者用汤匙或不接针头的注射器，将药液灌入口腔内；给大猪灌药时，应确切保定，术者用棍棒撬开猪嘴，从口角将药液灌入口腔内。

灌药时应注意，不要操之过急，每次灌入的药液被吞咽后，接着再灌；如发生动物剧烈咳嗽，应立即停止灌药，令其头部低下，使药液咳出，以防误咽入肺。

（2）口内投放　给猪投服片剂、丸剂、胶囊时，保定动物，用器械打开口腔，将药片、药丸直接放在舌背部即可。

2. 胃管投药法

胃管投药需要准备专用的胃管，管径大小因动物选定。灌药时，用特制开口器打开口腔将胃管经开口器中央孔插入食管，直至胃内，胃管的游离端连接盛药漏斗，抬高，待药液流尽后，抽出胃管。

胃管投药的技术性较强，胃管插抵咽部时，应轻轻抽动，刺激动物吞咽，顺势推动胃管进入食管。胃管插入食管的判断方法：胃管通过咽部进入食管时，感觉稍有阻力，动物较为安静，并可在左侧颈沟部触摸到有硬感的胃管。如果误插到气管，则动物不安，剧烈咳嗽，将胃管游离端置于水中，可随动物呼气，出现气泡。

3. 注射给药法

（1）肌内注射。对有刺激性或吸收缓慢的药剂，如水剂、乳剂、油剂等，以及大多数免疫接种时，都可采用肌内注射。

肌内注射操作简便，剂量准确，药效发挥迅速、稳定。肌内注射时，水溶液吸收最快，油剂或混悬剂吸收较慢。刺激性太强的药物不宜肌内注射。肌内注射的部位在耳根后或臀部。进行肌内注射时，应保定好动物，注射部位常规消毒。术者左手接触注射部位，右手持连接针头的注射器，呈垂直刺入。刺入深度以针头的 2/3 为宜，紧接着将药液推入，注射完毕，局部消毒。

（2）皮下注射。刺激性小的注射液、疫（菌）苗、血清等，都可采取皮下注射。皮下注射时，药物吸收较慢，如药液量较多，可多点进行。皮下注射的部位在耳根后或股内侧。进行皮下注射时，保定动物，局部常规消毒，左手提起皮肤形成皱褶，右手持连接针头的注射器，在皱褶基部刺入针头，推进药液，注射完毕，局部消毒，适当按摩以利吸收。

（3）静脉注射。是将药液直接注入静脉的给药方法。静脉注射给药时，药物直接进入血液循环，奏效迅速，适用于危重病例急救、输液或某些刺激性强的药物。静脉注射的部位在耳静脉。操作时，保定动物，压迫血管，使静脉怒张，针头沿静脉与皮肤成 45°角，迅速刺入皮肤直至静脉血管内，待有回血，即可将药液注入。静脉注射的技术要求较高，注射部位及器具必须严格消毒。注入药液前，必须将针管或输液管内的空气排净，药液温度要接近动物体温，注射速度不宜过快，并要密切注意病畜反应，如果出现异常，应立即停止注射或输液，进行必要的处理。

（4）腹腔注射。腹腔容积大，浆膜吸收能力强，当静脉输液困难时，可以采取腹腔注射输液。腹腔注射部位在腹壁后下部。提起病猪后肢保定，使腹腔器官前移，局部常规消毒。注射时，左手拇指压在耻骨前 3~5 厘米处，右手持连接针头的注射器，在腹中线旁 2 厘米进针，注入药液，拔出针头后再次消毒。

（5）气管注射。治疗气管或肺部疾病时，可采用气管注射。仰卧或侧卧（病侧向下）保定，前部略微抬高，气管部皮肤常规消毒。注射时，右手持连接针头的注射器，将针头在两气管轮之间刺入，缓缓推入药液，拔出针头后再次消毒。

4. 灌肠给药法

保定动物，将灌肠器胶管插入肛门内，使灌肠器或吊桶内的药液、温水或肥皂液输入直肠或结肠，用于治疗便秘或在进行直肠检查前用以清除粪便。

5. 局部涂擦法

将松节油、碘酊、樟脑酊、四三一搽剂等药物，直接涂擦在未破损的皮肤上，以发挥局部消炎、镇痛、消肿作用。

（二）群体给药法

1. 混水给药

将药物溶于水中，让猪自由饮用。进行混水给药时，首先要了解药物在水中的溶解度。易溶于水的药物，能够迅速达到规定的浓度；难溶于水的药物，若经加温、搅拌、加溶剂后能达到规定的浓度，也可混水给药。当前，多采用经厂家加工的可溶性粉剂；其次，要注意混水给药的浓度。浓度适宜，既可保证疗效，又能避免中毒。混水浓度可按百分比或毫克/千克计算。

2. 混料给药

将药物均匀地混入饲料，供猪自由采食，适用于长期投药。混料给药时，药物与饲料必须混合均匀，通常变异系数（CV）不得大于5%。常用递加稀释法，先将药物加入少量饲料中混匀，再与10倍量饲料混合，以此类推，直至与全部饲料混匀。另外，还要掌握混料与混水浓度的区别，一般药物混料浓度为混水浓度的2倍；有些药物的混水浓度较高，如泰乐菌素的混水给药浓度为每千克体重500～800毫克，混料浓度仅每千克饲

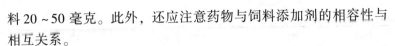

料 20～50 毫克。此外，还应注意药物与饲料添加剂的相容性与相互关系。

3. 兽药配伍禁忌表（表 5 - 7）

表 5 - 7　兽药配伍禁忌

分类	药物	配伍药物	配伍使用结果
青霉素类	青霉素钠、钾盐；氨苄西林类；阿莫西林类	喹诺酮类、氨基糖苷类（庆大除外）、多黏菌素类	效果增强
		四环素类、头孢菌素类、大环内酯类、氯霉素类、庆大霉素、利巴韦林、培氟沙星	相互拮抗或疗效相抵或产生副作用，应分别使用、间隔给药
		Vc、VB、罗红霉素、Vc 多聚磷酸酯、磺胺类、氨茶碱、高锰酸钾、盐酸氯丙嗪、B 族维生素、过氧化氢	沉淀、分解、失败
头孢菌素类	头孢系列	氨基糖苷类、喹诺酮类	疗效、毒性增强
		青霉素类、洁霉素类、四环素类、磺胺类	相互拮抗或疗效相抵或产生副作用，应分别使用、间隔给药
		维生素 C、维生素 B、磺胺类、罗红霉素、氨茶碱、氯霉素、氟苯尼考、甲砜霉素、盐酸强力霉素	沉淀、分解、失败
		强利尿药、含钙制剂	与头孢噻吩、头孢噻呋等头孢类药物配伍会增加毒副作用

（续表）

分类	药物	配伍药物	配伍使用结果
氨基糖苷类	卡那霉素、阿米卡星、核糖霉素、妥布霉素、庆大霉素、大观霉素、新霉素、巴龙霉素、链霉素等	抗生素类	本品应尽量避免与抗生素类药物联合应用，大多数本类药物与大多数抗生素联用会增加毒性或降低疗效
		青霉素类、头孢菌素类、洁霉素类、TMP	疗效增强
		碱性药物（如碳酸氢钠、氨茶碱等）、硼砂	疗效增强，但毒性也同时增强
		Vc、Vb	疗效减弱
		氨基糖苷同类药物、头孢菌素类、万古霉素	毒性增强
	大观霉素	氯霉素、四环素	拮抗作用，疗效抵消
	卡那、庆大霉素	其他抗菌药物	不可同时使用
大环内酯类	红霉素、罗红霉素、硫氰酸红霉素、替米考星、吉他霉素（北里霉素）、泰乐菌素、替米考星、乙酰螺旋霉素、阿齐霉素	洁霉素类、麦迪素霉、螺旋霉素、阿司匹林	降低疗效
		青霉素类、无机盐类、四环素类	沉淀、降低疗效
		碱性物质	增强稳定性、增强疗效
		酸性物质	不稳定、易分解失效
四环素类	土霉素、四环素（盐酸四环素）、金霉素（盐酸金霉素）、强力霉素（盐酸多西环素、脱氧土霉素）、米诺环素（二甲胺四环素）	甲氧苄啶、三黄粉	稳效
		含钙、镁、铝、铁的中药如石类、壳贝类、骨类、矾类、脂类等，含碱类，含鞣质的中成药，含消化酶的中药如神曲、麦芽、豆豉等，含碱性成分较多的中药如硼砂等	不宜同用，如确需联用应至少间隔2小时
		其他药物	四环素类药物不宜与绝大多数其他药物混合使用

（三）兽药选择及注意事项（表5-8）

表5-8 兽犬药应用选择

商品名称	制造商	成分	用途、给药途径和保存*	剂量	停药期（天）
青霉素G	东北制药	青霉素	丹毒 链球菌感染（脑膜炎、关节炎） 化脓 母猪膀胱炎 乳房炎 母猪无名热 魏氏梭菌（哺乳仔猪红痢） 呼吸系统疾病	3.3万单位/千克	5
盐酸四环素	南京制药	四环素	断奶仔猪发育不良 断奶仔猪、育肥猪的呼吸系统疾病 不洁母猪 回肠炎（细胞内寄生的罗松氏菌）引起的腹泻	40毫克/千克	18
卡那霉素		卡那霉素	呼吸系统疾病	15毫克/千克	21
磺胺嘧啶钠注射液		磺胺嘧啶（SD）	主要用于治疗大于5日龄仔猪下痢 呼吸系统疾病	20毫克/千克	10
氯霉素注射液		氯霉素	呼吸系统疾病 MMA（乳房炎、子宫炎、无乳综合征）	20毫克/千克	5
庆大霉素		庆大霉素	主要用于治疗小于5日龄仔猪下痢 渗出性皮炎	5毫克/头	42
天加能 Tinkanium	富道	TMP＋磺胺二甲嘧啶	主要用于治疗大于5日龄仔猪下痢 断奶仔猪下痢 哺乳仔猪呼吸系统疾病	1毫升/10千克 （24毫克/千克）	10

（续表）

商品名称	制造商	成分	用途、给药途径和保存*	剂量	停药期（天）
长效土霉素 OTC 20% L. A. 或 Terramycin LA	富道 Pfizer	土霉素长效	断奶仔猪发育不良 断奶仔猪、育肥猪的呼吸系统疾病 不洁母猪 回肠炎（细胞内寄生的罗松氏菌）引起的腹泻	1 毫升/5 千克（40 毫升/千克） 1 毫升/10 千克	28
阿莫西林	太原	阿莫西林	呼吸系统疾病 途径：饮水 断奶仔猪脑炎和多发性浆膜炎	100g/9 千克再 1:100 稀释	5
新霉素		新霉素	断奶仔猪下 途径：饮水	100g/9L 再 1:100 稀释	14
TMP + SCP 1:5		TMP + 磺胺氯吡嗪钠	呼吸系统疾病 断奶仔猪下痢 途径：饮水	240g/4.5L 再 1:100 稀释	12
Duphamox	富道	阿莫西林	呼吸系统疾病 断奶仔猪脑炎和多发性浆膜炎	7 毫克/千克	5
安乃近		安乃近	抗炎、镇痛、母猪跛行	10 毫升/母猪	21

* 除注明外，均为肌注、冷藏

1. 激素、驱虫药及其他（表 5-9）

表 5-9　激素、驱虫药及其他

商品名称	制造商	成分	用途、给药途径和保存	剂量	停药期（天）
P. G. 600	英特威	PMSG + HCG	促进发情	5 毫升外阴注射减半	7
律胎素	普强	PGF2α	引产 途径：或外阴部注射	1~2 毫升	3
催产素		催产素	促进子宫收缩 途径：外阴注射	0.5 毫升	3

（续表）

商品名称	制造商	成分	用途、给药途径和保存	剂量	停药期（天）
驱虫净		盐酸左旋咪唑	内寄生虫	6毫克/千克	3
右旋糖苷铁 Terrofax	广西加拿大	右旋糖苷铁（100毫克/毫升）	预防3日龄内仔猪贫血（3日龄和10日龄各注射1次）	总量2毫升/头	0

＊除注明外，均为肌注、冷藏

2. 饲料添加药物（表5－10）

表5－10 饲料添加药物

阶段（体重）	通用名称	商品名称	剂量
断奶仔猪（6~10千克）	金霉素＋磺胺＋青霉素 土霉素，或金霉素/四环素 卡巴氧	ASP250（100＋100＋50） 土霉素-金霉素 Mecadox	110毫克/千克＋110毫克/千克＋55毫克/千克 330毫克/千克 50毫克/千克

3. 针头长度

所有注射均应在颈部，不同体重相应针头长度要求见表5－11。

表5－11 不同体重适宜的针头长度

体重	针头长度（Gauge x mm）	体重	针头长度（Gauge x mm）
哺乳仔猪	9×10	育成、育肥，包括后备母猪、公猪	16×38
断奶仔猪	12×20 16×20（粘稠疫苗如口蹄疫免疫）	基础母猪、公猪	16×45

注：①实际操作，应根据猪的体重。推荐使用5种型号：9×10，12×20，16×20，16×38和16×45；②16×45略长，16×38更好一些；③育成、育肥、后备母猪、公猪可用16×25

五、病死猪处理及隔离制度

（一）隔离制度

隔离就是将猪群置于一个相对安全的环境中进行饲养管理。隔离有利于防疫和生产管理。隔离包括：人员隔离、各生产区人员之间、外来人员、进出车辆、引进猪的隔离、病猪隔离。

1. 猪场建设

（1）猪场选址恰当：距离村镇、交通要道、城市至少 500 米；远离屠宰场；化工厂及其他污染源；远离其他畜牧场 3 公里以上；向阳避风、地势高燥、通风良好；水电充足（万头猪场日用水量 100~150 吨）、水质好、排水方便、交通较方便，最好配套有渔塘、果林或耕地。

（2）猪场布局合理：三区分开并有一定间隔距离，生活管理区、生产配套区（饲料车间、仓库、兽医室、更衣室等）、生产区分开。生产区：配种舍、怀孕舍、保育舍、生长舍、育肥（或育成）舍、装猪台，从上风向下风方向排列

（3）猪场辅助设施齐备：设立围墙与防疫沟，并建立绿化带；建设兽医室、更衣消毒室、病死猪无害化处理车间；建立隔离舍：病畜隔离舍和引种隔离舍。隔离舍：与生产区要有一定距离；引种隔离舍距生产区至少 500 米以上，隔离舍一定要在下风口；装猪台：建在生产区围墙外。场内道路布局合理：净道（进料）和污道（出粪）分开。猪场周围禁止放牧，协助当地周围村镇的免疫工作。

（4）新引种猪隔离：感染猪与易感猪之间直接接触是传播疾病最有效的途径。因此对引进猪只进行隔离，可有效避免这样的疾病传播。现提出以下几点隔离意见。

①隔离舍应与猪场有一段距离并采用全封闭式的。

②隔离场采用全进全出制，批次间要严格清洗、消毒、空栏。

③隔离时间在 30～60 天，最好是 60 天。隔离观察正常后载猪消毒后进入生产区。

④隔离场的工作人员仅在隔离场工作，与其他猪只没有任何接触。

⑤新猪往隔离场运输之前，以及从隔离场转入种猪场之前，本场兽医与源场兽医联系，了解健康状况。

⑥当隔离场猪只血检发现已知病原时，要进一步检查所有猪只。

⑦隔离期间，可对引进猪只进行观察，确保没有疾病迹象之后再转入猪群。

⑧隔离的时候，还可以针对引进猪只的特定病原感染情况进行试验，并针对大群当中已知存在的疾病对引进猪只进行免疫接种。

2. 人员及车辆隔离

（1）外来人员：严控外来人员进入生产区。特殊情况，获准进场者一定要消毒方可进入。

（2）进入车辆：外来车辆严禁进入生产区。运输饲料进入生产区的车辆要彻底消毒。运猪车辆出入生产区、隔离舍、出猪台要彻底消毒。

（二）病死猪处理

按照《中华人民共和国动物防疫法》和国家有关规定，严格对病死猪采取"四不一处理"处置措施，即不准宰杀、不准食用、不准出售、不准转运，对病死猪必须进行无害化处理。

1. 深埋法

深埋法是处理病死猪尸体的一种常用、可靠、简便的方法。将病死猪尸体或附属物进行深埋处理，以彻底消灭其所携带的病原体，达到消除病害因素、保障人畜健康安全的目的。坑应尽可能的深（2~4 米），但坑的底部必须高出地下水位至少 1 米，坑壁应垂直。每头成年猪约需 1.5 立方米的填埋空间，坑内填埋的肉尸和物品不能太多，掩埋物的顶部距坑的上表面不得少于 1.5 米（图 5 - 2）。

图 5 - 2　病死猪深埋

对于规模养殖而言，该法的缺点：一是处理地点难以寻找；二是挖掘、掩埋成本高，难以确保落实到位；三是存在疫情扩散的隐患；四是不适用于患有炭疽等芽孢杆菌类疫病控制。

2. 焚烧法

焚烧法是一种高温热处理技术，即以一定的过剩空气量与被处理的有机废物在焚烧炉内进行氧化燃烧反应，废物中的有害有毒物质在高温下氧化、热解而被破坏，是一种可同时实现废物无害化、减量化、资源化的处理技术。焚烧法是指通过氧化燃烧，杀灭病原微生物，把动物尸体变为灰渣的过程。焚烧的难点是烟气和异味处理。

对确认患猪瘟、口蹄疫、传染性水泡病、猪密螺旋体痢疾、急性猪丹毒等烈性传染病的病死猪，常采用此方法。

（1）简易焚化炉。通过燃料或燃油直接对动物尸体进行焚烧处理。此种设备具有投资小、简便易行、焚烧效果较好的优点，为目前小型养殖场广泛采用。

（2）无害化焚烧炉。炉型有脉冲抛式炉排焚烧炉、机械炉排焚烧炉、流化床焚烧炉、回转式焚烧炉和 CAO 焚烧炉。整套处理系统由助燃系统、焚烧系统、集尘器系统，电控系统等 4 部分组成。以处理量为 50～100 千克的焚烧炉为例，购买设备的投资在 7 万元左右，烧一头 100 千克的猪，花费的油钱、电费需要 100 多元；而处理量达 10 吨的集中处理设施，根据钢材厚度的不同，售价一般在 100 万～200 万元不等。

无害化焚烧炉的优点是彻底、减量。缺点：一是动物尸体需要切割肢解，防疫要求高；二是环保要求，燃烧的过程会产生大量的污染物（烟气），不允许直接排放，包括灰尘、一氧化碳、氮氧化物、重金属、酸性气体等。排放污染物是其他方法的 9 倍以上；三是耗能高。第一燃烧室温度 600℃ 以上，第二燃烧室温度 1 000℃ 以上，焚烧一次耗油量大。同时工艺复杂，需对烟气等有害产物处理，大大增加处理成本。四是燃烧过程有恶臭（未完全燃烧有机物，如硫化氢、氧化物），影响环境。

（3）化尸窖处理。该法也有叫化尸池、化尸井，是在专门的猪场隔离和病死猪处理区内建设专用的尸体窖，将病死猪尸体抛入窖内，利用生物热的方法将尸体发酵分解，以达到消毒的目的。

实际应用中，对于尸体坑的建设位置及建筑质量有较高的要求，而且处理尸体所需的时间较长，后期管理难度高。化尸窖附近要有："无害化处理重地，闲人勿进"，"危险！请勿靠近"等醒目警告标志。

（4）化制法。把动物尸体或废弃物在高温高压灭菌处理的基础上，再进一步处理的过程，（如化制为肥料、肉骨粉、工业用油、胶、皮革等）。化制法分为干化和湿化两种，干化法是将废弃物放入干化制机内，热蒸汽不直接接触化制的肉尸，而循环于夹层中。湿化法采用高压蒸汽直接与尸组织接触。化制的难点主要是对污水和臭味的处理。

化制是一种较好的处理病死畜禽的方法，是实现病死畜禽无害化处理、资源化利用的重要途径，具有操作较简单、投资较小、处理成本较低、灭菌效果好、处理能力强、处理周期短、单位时间内处理最快、不产生烟气、安全等优点。但处理过程中，易产生恶臭气体（异味明显）和废水，以及设备质量参差不齐、品质不稳定、工艺不统一、生产环境差等问题。

化制法主要适用于国家规定的应该销毁以外的因其他疫病死亡的畜禽，以及病变严重、肌肉发生退行性变化的畜禽尸体、内脏等。化制法对容器的要求很高，适用于国家或地区及中心城市畜禽无害化处理中心，也可用于养殖场、屠宰场、实验室、无害化处理厂、食品加工厂等。

（5）堆肥法。一般在场内实施，在有氧的环境中利用细菌、真菌等微生物对有机物进行分解腐熟而形成肥料的自然过程。病死猪放入堆肥装置后，混合一些堆肥调理剂，大约3个月，死猪尸体几乎完全分解时，翻搅堆肥，即可用作农作物的有机肥料，达到降低处理成本、提高生物安全的目的。一般说来，猪堆肥箱体设计，一般是每0.45千克日平均消耗0.085立方米的总容积（初级箱和次级箱各0.0425立方米）。例如，肉猪场每天90千克消耗，将需要大概8.5立方米的初级箱体和次级箱体。

优点：一是该法能彻底地处理病死猪，处理效果能满足规模猪场需要；二是处理过程为耗氧反应，臭味小，不污染水源；三是不配备大型设施设备，成本一般，易于操作。缺点：一是锯末、秸秆等垫料因未重复使用，需求量相对较大；二是未添加有益微生物，处理时间较长；三是处理效果仅靠业者感觉调整，不精准；四是翻耙工作量相对较大。

此法因堆沤时间较长、处理能力有限，适合中小规模猪场采用。

（6）发酵床生物处理病死猪技术。该法是将病死猪尸体与锯末、稻壳、秸秆等农林副产物组成的垫料混合，使用自源微生物或接种专用有益微生物菌种，营造有益微生物良好的生活环境，通过体内外微生物共同作用来分解病死猪尸体，同时所产生的大量热量将病原微生物和寄生虫虫卵杀灭的一项无害化生物环保技术。流程为混合菌种调整湿度→堆积发酵后填入发酵池→填入死猪、垫料管理→处理完毕、翻耙，补充菌种。从总体看，正常使用 3 年的生物发酵床其运行过程中由于产生 50℃ 以上的高温，能快速杀灭病毒、细菌。从生物安全角度看，该方法处理病死猪高效、安全。优点：一是该法能彻底地处理病死猪，处理效果能满足不同规模猪场需要，一般肌肉组织彻底分解仅需 20 天左右；二是处理过程中添加了有益微生物菌种，处理效率显著提升；三是处理时产生大量生物热，平均温度 45℃ 以上，能杀灭病原、虫卵和种子等，疫病扩散风险大大降低；四是处理过程耗氧反应，臭味小，不污染水源；五是垫料可重复利用，无大型装备配置，成本较低，易于操作。缺点：一是垫料翻耙难以保证到位；二是处理操作仅靠业者感觉调整，精准度难控制；三是翻耙工作量相对较大，处理效果有差异。该法因使用了高效的有益微生物菌种，且发酵床面积够大，处理效率较高，取材方便，适合各种规模猪场采用。

（7）病死猪滚筒式生物降解模式。该法是在通过滚筒转动，使垫料、病死猪尸体充分与氧气结合，加快生物发酵进程的一种生物降解法处理病死猪模式。设备主要包括滚筒仓系统、通风系统和控制系统等。设备的生物工程和机械工程的降解处理过程均由电脑自动控制，无需人工操作。目前，设备有不锈钢型和塑料滚筒两类。

该设备处理能力：每组机器根据型号的不同，年处理能力在

49～157吨。该模式的优点：一是24小时内彻底处理；二是满足不同规模猪场及病死猪无害化集中处理场点的需要；三是剩余部分分解产物，不用每次添加微生物菌种；四是90℃以上高温，能杀灭病原、虫卵和种子等；五是接入了臭气处理系统，没有臭气污染；六是设备占地面积少，可移动。缺点：一次性设备投入资金大，需要配套尸体破碎设备，运营费用较高。

（8）病死猪高温生物无害化处理一体机。该病死猪处理模式采用降解主机和纳米除臭系统。将病死猪进行粉碎或切成小块，投入降解主机，自动加热，搅拌叶搅动，使病死猪充分与垫料集合；所产生的气体由纳米除臭系统处理，最后形成二氧化碳和水蒸气，由专门排气口排出。尸体在搅拌过程中快速降解，24小时基本降解完毕，48小时候基本彻底分解。病死猪高温生物无害化处理一体机优点：一是操作简单，全天24小时连续运作，可随时处理禽畜死体及农场有机废弃物；二是处理速度快，一般36小时即可完全分解成粉末状，有效再生利用；三是采用高温灭菌，处理温度在90℃以上，可消灭所有病原菌；四是安全环保，处理过程中产生的水蒸气自然挥发，无烟无臭无污染无排放，节能环保。缺点：一次性设备投入资金大，运营费用较高。

（9）高温生物降解技术。该病死猪处理模式是在密闭环境中，通过高温灭菌，配合好氧生物降解处理病害猪尸体及废弃物，转化为可产生优质有机肥原料，进一步加工可制成优质有机肥料，达到灭菌，减量，环保和资源循环利用的目的。

优点：能杀灭有害病原体；可将动物整体放入，无需肢解；包括垫料等其他垃圾材料可一起被分解；处理过程中无恶臭气味产生；操控简单，节能环保。

模块六 猪场环境控制

一、猪场场址选择

1. 用地要求

猪场建设用地应符合土地利用发展规划和村镇建设发展规划，满足建设工程需要的水文条件和工程地质条件。猪场建设不能占用或少占耕地。

2. 场地面积

猪场占地面积依据猪场生产的任务、性质、规模和场地的总体情况而定。生产区面积一般可按每头繁殖母猪 40～50 平方米或每头上市商品猪 3～4 平方米计划。猪场生活区、管理区和隔离区另行考虑，并须留有发展余地。

3. 地形地势

地形要求开阔整齐。地形狭长或边角多都不便于场地规划和建筑物布局。地势要求高燥、平坦、背风向阳、有缓坡。地势低洼的场地易积水潮湿；有缓坡的场地易排水，但坡度不宜大于 25°，以免造成场内运输不便。在坡地建场选择背风阳坡，以利于防寒和保证场区较好的小气候环境。

4. 水源水质和电源

规划猪场前先勘探水源，一要充足，二要保证水质符合饮用水标准，便于取用和进行卫生防护，并易于净化和消毒。各类型猪每头每天的总需水量和饮用量见表 6－1。

表 6 – 1　猪群每天需水量标准（千克）

猪群类别	总需水量	饮用量
种公猪	25 ~ 40	10
空怀及妊娠母猪	25 ~ 40	12
带仔哺乳母猪	60 ~ 75	20
断奶仔猪	5	2
后备猪	15	6
育肥猪	15 ~ 25	6

另外，场址应距电源较近，节省输电开支。同时供电稳定，少停电。当电网供电不能稳定供给时，猪场应自备小型发电机组，以应付临时停电。

5. 土壤特性

猪场对土壤的要求是透气性好，易渗水，热容量大，这样可抑制微生物、寄生虫和蚊蝇的孳生，也可使场区昼夜温差较小。土壤虽有净化作用，但是许多微生物可存活多年，应避免在旧猪场场址或其他畜牧场上建造猪场。

6. 周围环境

养猪场饲料产品、粪污废弃物等运输量很大，交通方便才能降低生产成本和防止污染周围环境。但是交通干线往往会造成疫病传播，因此猪场场址既要交通方便又要与交通干线保持适当距离。距铁道和国道不少于 2 000 ~ 3 000 米，距省道不少于 2 000 米，县乡和村道不少于 500 ~ 1 000 米。与居民点距离不少于 1 000 米，与其他畜禽场的距离不少于 3 000 ~ 5 000 米。周围要有便于污水进行处理以后（达到排放标准）排放的水系。

7. 粪尿处理与环保

建场前要了解当地政府 30 年内的土地规划及环保规划、相关政策，因地制宜配套建设排污系统工程，特别应注意沼气配套工程的建设。

二、猪场规划设计

要根据当地的自然条件、社会条件和自身的经济实力，对猪场进行科学、规范、经济、实用的规划设计。猪场规划主要包括生活区、生产辅助区、生产区、隔离区、场内道路（分净道和污道）、排污、排水、场区绿化等。为了便于防疫和安全生产，应根据当地风向和猪场地势有序安排。

1. 生活区

生活区包括文化娱乐室、职工宿舍、食堂等。此区应与猪场分开，设在上风向或偏风向和地势较高的地方，其位置应便于与外界联系。

2. 生产辅助区

生产辅助区包括行政和技术办公室、接待室、饲料加工调配车间、饲料储存库、生产管理室、水电供应设施、车库、杂品库、消毒池、更衣清毒和洗澡间等。该区与日常饲养工作关系密切，距生产区距离不宜远。

3. 生产区

生产区包括各类猪舍和生产设施，是猪场的最主要区域，严禁外来车辆和人员进入。生产区内应将种猪、仔猪置于上风向和地势高处；分娩舍既靠近妊娠舍；又靠近仔猪培育舍；育肥舍设在下风向场门或围墙近处。围墙外设装猪台，售猪时经装猪台装车，避免装猪车辆进场。

4. 隔离区

隔离区包括兽医室和隔离猪舍、尸体剖检和处理设施、粪污处理及贮存设施等。该区是卫生防疫和环境保护的重点，应尽量远离生产猪舍，设在整个猪场的下风或偏风方向、地势低处，以避免疫病传播和环境污染。

5. 场内道路和排水

猪场内道路应分出净道和污道，互不交叉。净道是人员和运送饲料的道路；污道靠猪场边墙，是处理粪污和病死猪等的通道。场内污水应由专门的排污及污水处理系统，以保证污水得到有效的处理，确保猪场的可持续生产。

6. 场区绿化

绿化不仅可以美化环境、净化空气，也可以防暑、防寒、改善猪场的小气候，同时还可以减弱噪声，促进安全生产，从而提高经济效益。因此在进行猪场总体布局时，一定要考虑和安排好绿化。

7. 猪场各类猪舍设计原则及参数

原则：产房、保育舍按生产节律分单元全进全出设计；猪栏规格与数量的计算：产房两栏对应保育一栏，保育与育肥栏一一对应；先设计好生产指标、生产流程，然后再设计猪舍、猪栏。

主要参数：以饲养 500 头基础母猪、年出栏约 1 万头商品猪的生产线为例，按每头母猪平均年产 2.2 窝计算，则每年可繁殖 1 100 窝，每周平均分娩 20～21 窝，即每周应配种 24 头（如果配种分娩率 85%）。产房 6 个单元（如果哺乳期 3 周、仔猪断奶后原栏饲养 1 周、临产母猪 1 周、空栏 1 周），每个单元 20 个产床；保育 5 个单元（如果保育期 4 周、空栏 1 周），每个单元 10 个保育床；生长育肥 16 个单元（如果生长育肥期 15 周、机动 1 周），每个单元 10 个育肥栏；肉猪全期饲养 23 周。

三、猪场建设

（一）猪舍的形式

猪舍建筑形式较多，可分为 3 类：开放式猪舍，大棚式猪舍，封闭式猪舍。

1. 开放式猪舍

建筑简单，造价低，通风采光好，舍内有害气体易排出。但猪舍内的气温随着自然界变化而变化，不能人为控制，尤其冬季防寒能力差。在生产中冬季加设塑料薄膜，效果较好。

2. 大棚式猪舍

即用塑料扣成大棚式的猪舍，利用太阳辐射增高猪舍内温度。北方冬季养猪多采用这种形式。这是一种投资少、效果好的猪舍。根据建筑上塑料布层数，猪舍可分为单层塑料棚舍、双层塑料棚舍。根据猪舍排列，可分为单列式塑料棚舍和双列式塑料棚舍。另外还有半地下塑料棚舍和种养结合塑料棚舍（图6–1、图6–2）。

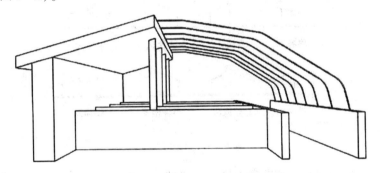

图6–1　单列式塑料大棚猪舍

3. 封闭式猪舍

与外界环境隔绝程度高，舍内通风、采光、保温等主要靠人工设备调控，能提供适宜的环境条件，有利于猪的生长发育，提高生产性能和劳动效率，但建筑、设备投资维修费用高。封闭式猪舍按照屋顶的形状可分为单坡式、双坡式、联合式、平顶式、拱顶式、钟楼式、半钟楼式、锯齿式猪舍等。其中，单坡式、双坡式和联合式以及平顶式和拱顶式猪舍的构造简单、工程造价低，为大部分猪场所采用。钟楼式和半钟楼式猪舍的通风效果好，锯齿式猪舍的采光效果好，适用于多列猪舍，但工程造价稍高（图6-3）。

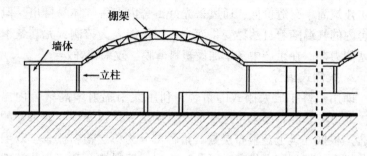

图6-2 双列式塑料大棚猪舍

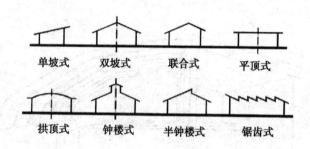

图6-3 封闭式猪舍

按照猪栏列数的多少可将猪舍划分为单列式、双列式、三列式以及四列式猪舍，其中，双列式猪舍采光和保温效果俱佳，是一般养猪场通常采用的形式，三列式和四列式猪舍的局部采光不佳，需要加人工照明，但保温效果好，且由于少建墙体而节省工程造价。在选择猪舍的建筑形式时，除了考虑上述特点外，还要结合粪污的处理方式和场地的实际情况加以综合考虑。

（二）猪舍的基本结构

一个猪舍的基本结构包括基础、地面、墙壁、屋顶与天棚、门窗等。

1. 基础

基础主要承载猪舍自身重量、屋顶积雪重量和墙、屋顶承受的风力。基础的埋置深度，根据猪舍的总荷载力、地下水位及气候条件等确定。为防止地下水通过毛细管作用浸湿墙体，在基础墙的顶部应设防潮层。

2. 地面

猪舍地面应具备坚固、耐久、保温、防潮、平整、不滑、不透水、易于清扫与消毒的特点。地面应斜向排粪沟，坡度为2%~3%，以利于保持地面干燥。

3. 墙壁

猪舍墙壁对舍内温湿度保持起着重要作用。墙体必须具备坚固、耐久、耐水、耐酸、防火能力，便于清扫、消毒；同时应有良好的保温与隔热性能。猪舍主墙壁厚在25~30厘米，隔墙厚度15厘米。

4. 屋顶与天棚

屋顶起遮挡风雨和保温作用，应具有防水、保温、承重、不透气、耐久、结构轻便的特性。为了增加舍内的保温隔热效果，可增设天棚。

5. 门窗

猪舍的门要求坚固、结实、易于出入。门的宽度一般为1.0~1.5m，高度为2.0~2.4m。窗户主要用于采光和通风换气，同时还有围护作用。窗户的大小用有效采光面积与舍内地面面积之比来计算，一般种猪舍1：（10~12），肥猪舍1：（12~15）。

（三）猪舍的功能系统

1. 畜床

除了地面以外，畜床也是非常重要的环境因子，极大地影响着家畜的健康和生产力。为解决一般水泥畜床冷、硬、潮的问题，可选用下述方法。

（1）按功能要求选用不同材料。用导热性小的陶粒粉水泥、加气混凝土、高强度的空心砖修建畜床，走道等处用普通水泥，但应有防滑表面。

（2）分层次使用不同材料。在夯实素土上，铺垫厚的炉渣拌废石灰作为畜床的垫层，再在此基础上加铺一层聚乙烯薄膜（0.1毫米）作为防潮层，薄膜靠墙的边缘向上卷起，然后铺上导热性小的加气混凝土、陶粒粉水泥、高强度空心砖。

（3）铺设厩垫。

（4）使用漏缝地板。为了保持圈舍内清洁，尤其对疾病抵抗力弱的仔猪。现代化猪场多使用漏缝地板，常用的地板材料如图（图6-4）。

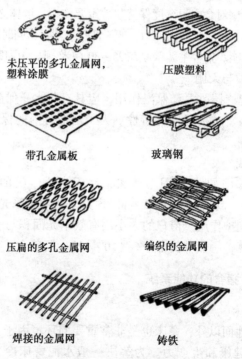

未压平的多孔金属网，塑料涂膜　　　　压膜塑料

带孔金属板　　　　玻璃钢

压扁的多孔金属网　　　　编织的金属网

焊接的金属网　　　　铸铁

图6-4　常用地板类型

2. 通风

通风可排除猪舍中多余的水汽、降低舍内湿度、防止围护结构内表面结露，同时可排除空气中的尘埃、微生物、有毒有害气体（如氨、硫化氢和二氧化碳等），改善猪舍空气的卫生状况。另外，适当的通风还可缓解夏季高温对猪的不良影响。猪舍的适宜通风量见表6-2。

表6-2　猪舍适宜通风量

生理阶段或体重（千克）	每头猪的通风量（立方米/小时）		
	冷空气	温和空气	热天气
带仔母猪	34	136	850
5~14	3	17	42
14~34	5	20	60
34~68	12	41	127
68~100	1	60	204
其他种猪	24	85	510

猪舍通风可分为自然通风和机械通风两种方式。

（1）自然通风。自然通风的动力是靠自然界风力造成的风压和舍内外温形成的热压，使空气流动，进行舍内外空气交换。

（2）机械通风。密闭式猪舍且跨度较大时，仅靠自然通风不能满足其要求，需辅以机械通风。机械通风的通风量、空气流动速度和方向都可以得到控制。机械通风可以分为两种形式，一种是负压通风，即用轴流式风机将舍内污浊空气抽出，使舍内气压低于舍外，则舍外空气由进风口流入，从而达到通风换气的目的；另一种是正压通风，即将舍外空气由离心式或轴流式风机通过风管压入舍内，使舍内气压高于舍外，在舍内外压力差的作用下，舍内空气由排气口排除。正压通风可以对舍内的空气进行加热、降温、除尘、消毒等预处理，但需设风管，设计难度大。负压通风设备简单，投资少，通风效率高，在我国被广泛采用。其缺点是对进入舍内的空气不能进行预处理。

正压通风和负压通风都可分为纵向通风和横向通风。在纵向通风中，即风机设在猪舍山墙上或远离该山墙的两纵墙上，进风口则设在另一端山墙上或远离风机的纵墙上。横向通风有多种形式：负压风机可设在屋顶上，两纵墙上设进风口；或风机设在两纵墙上，屋顶风管进风；也可在两纵墙一侧设风机，另一侧设进风口。纵向通风使舍内气流分布均匀，通风死角少，其通风效果明显优于横向通风（图6-5）。

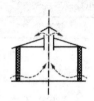 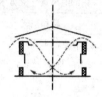 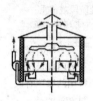

上排自然通风　　　　下排机械通风　　　机械进风与地下自然排风

图6-5　猪舍通风气流分布

3. 采光

自然光通常用窗地比来衡量。一般情况，妊娠母猪和育成猪的窗地比为1:（10~12）。根据这些参数即可确定窗户的面积。另外，还要合理确定窗户上下沿的位置。入射角是指窗户上沿到猪舍跨度中央一点的连线与地面水平线之间的夹角。透光角是指窗上、下沿分别至猪舍跨度中央一点的连线之间的夹角。自然采光猪舍入射角不能小于25°，透光角不能小于5°（图6-6）。

人工照明设计应保持猪床照度均匀，满足猪群的光照需要。一般情况下，各类猪的照度需求如下：妊娠母猪和育成猪为50~70勒克斯，育肥猪为35~50勒克斯，其他猪群为50~100勒克斯。无窗式猪舍的人工照明时间：育肥猪为8~12小时，其他猪群为14~18小时，一般采用白炽灯或荧光灯。灯具安装最好根据工作需要分组设置开关，既保证工作需要，又节约用电。

4. 给排水与清粪

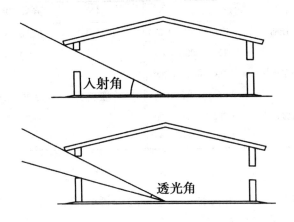

图 6 - 6　猪舍的光入射角和透光角

（1）给水方式有两种：集中式给水和分散式给水。前者是用取水设备从水源取水，经净化消毒后进入存贮设备，再经配水管网送到各用水点。后者是各用水点直接由水源取水。现代化猪场均采用集中式给水。舍外水管可依据猪舍排列和走向来配置，埋置深度应在冻土层以下，进入舍内可以浅埋。严寒地区应设回水装置，以防冻裂。舍内水管则根据猪栏的分布及饲养管理的需要合理设置。舍内除供猪只饮水用的饮水器和水龙头外，每隔 20～30 米还应设置清洗圈舍和冲刷用具的水龙头。

（2）清粪。猪舍的排水系统经常与清粪系统相结合。猪舍清粪方式有多种，常见的有手工清粪和水冲清粪等几种形式。

5. 猪栏

现代化猪场多采用固定栏式饲养，猪栏一般分为公猪栏、配种栏、妊娠栏、分娩栏、保育栏、生长育肥栏等。常用规格见表6 - 3。

表6-3　常用猪栏的规格（毫米）

名称	规格（长、宽、高）	名称	规格（长、宽、高）
母猪产仔哺育栏	2 100、1 700、1 250	公猪围栏	3 200、3 000、1 200
	2 200、1 700、1 250、		3 000、3 000、1 200
母猪单体栏	2 100、600、1 000		
	2 050、600、1 000	育肥猪栏	3 200、2 100、900
仔猪保育栏	1 800、1 700、900		3 000、3 400、1 000
	1 800、1 700、700		

（1）公猪栏和配种栏。北方的养猪场多采用单列式猪舍，且外带运动场（图6-7）。

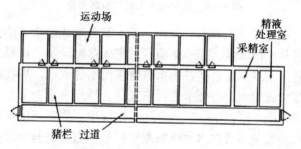

图6-7　单列式猪舍

（2）妊娠母猪栏。群养和拴系饲养结合而成，平时母猪处于群养状态，在饲喂时，母猪在固定的饲槽前采食，这样既有利于母猪的运动，增强体质，又可根据不同母猪的状况调整饲喂量（图6-8）。

（3）分娩哺育栏。双列式或单列式（图6-9）。

（4）仔猪保育舍。仔猪保育舍大都采用网上三列式或四列式的形式，辅以人工照明，保温效果好。目前，国内猪场多采用高床网上保育栏，主要由金属编织漏缝地板网、围栏、自动食槽、连接卡、支腿等组成。仔猪保育栏的长、宽、高尺寸视猪舍结构不同而定。常用的有 2 米 × 1.7 米 × 0.6 米，侧栏间隙 6 厘米。离地面高度为 25 ~ 30 厘米，可饲养 10 ~ 25 千克的仔猪 10 ~ 12 头。

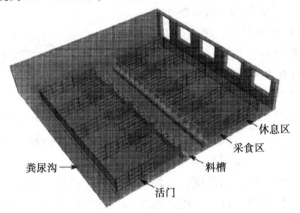

图 6 - 8　妊娠母猪栏

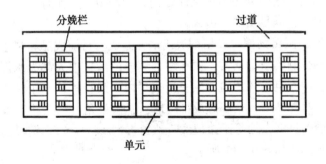

图 6 - 9　单列式分娩哺乳舍示意图

（5）生长猪栏和育肥猪栏。采用三列式或四列式地面养殖的形式为佳，可在相对较小的面积内容纳较多的猪只。

6. 保温

（1）热风炉保温设备。采用特制炉子加热燃料，将热量通过管子送到舍内，提高舍内温度。一般每栋猪舍一个，安装时最好留出一间房安置燃炉，便于将燃烧后废气排出舍外。此种供热方式适用于中小猪场。

（2）地热取暖。就是通过硬质塑料管道将锅炉的热气散发到猪只趴卧地面上的一种采暖方法。

（3）火道取暖。将煤炉安放在舍外，供暖管子在舍内。因仔猪要求的温度比较高，应特制保温箱单独保温。在保温箱内安装1个100瓦红外线灯泡或两个60瓦灯泡即可达到保暖。

7. 饲喂

饲槽是猪栏内的主要设备，应根据上料形式（机械化送料或人工喂饲）选择合适的饲槽，总的要求是构造简单、坚固、严密，便于采食、洗涮与消毒。

对于限量饲喂的公猪、妊娠母猪、哺乳母猪一般都采用钢板饲槽或水泥饲槽，这类饲槽结构简单，而且造价低，但要经常清洗；而对于不限量饲喂的保育仔猪、生长猪、育肥猪多采用自动落料饲槽，这种饲槽不仅能保证饲料清洁卫生，而且还可以减少饲料浪费，满足猪的自由采食。

（1）限量饲槽　多用钢板或水泥制成。目前成品猪栏上多附带有钢板制的限量饲槽，而在地面饲养的猪栏中大都为水泥限量饲槽，即固定设在圈内，或一半在栏内一般在栏外，用砖或石块砌成，水泥抹面，底部抹成半圆形，不留死角。每头猪喂饲时所需饲槽的长度大约等于猪肩宽（表6-4、表6-5）。饲槽的式样如图6-10和图6-11所示。

表6-4　限量水泥饲槽的推荐尺寸（厘米）

猪类别	宽	高	底厚	壁厚
仔猪	20	10~12	4	
幼猪、生长猪	30	15~16	5	
肥猪、种猪	40	20~22	6	4~5

表 6-5 每头猪采食所需的饲槽长度

猪类别	体重（千克）	每头猪所需饲槽长度（厘米）
仔猪	<15	10~12
幼猪	<30	15~16
生长猪	<40	20~22
育肥猪	<60	27
	<75	28
	<110	33
繁殖猪	<100	33
	>100	50

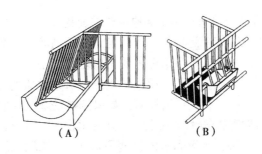

（A）　　　　　　（B）

图 6-10　饲槽式样

固定在地面上的饲槽（A）和安装在限位栏上的

饲槽（B）

（2）自动饲槽的式样很多，一般都是在饲槽顶部安放一个饲料贮存箱，贮存一定量的饲料，在猪采食时贮存箱内饲料受重力影响通过料箱后部的斜面不断流入饲槽内，每隔一段时间加一次料。它的下口可以调节，并用钢筋隔开的采食口，根据猪的大小有所变化。根据容量大小可分为仔猪、幼猪和育肥猪自动饲槽3种，盛料量为5~10千克、40~90千克和90~200千克。常用的自动饲槽有长方形和圆形两种，每种又根据猪只大小做成几种规格。长方形食槽还可以做成双面兼用，在两栏中间放置，供两栏猪只采食（图6－11）。

图6－11　各种形式的饲槽

四、环境与养猪生产的相互作用

1. 适宜的环境条件是猪健康成长的前提

猪场建设时如果选择的场址环境条件不适宜，对猪的健康就会带来影响。场址的环境条件主要是由地势、空气、土壤、水质等方面的因素构成，因此，场址环境条件对猪健康的影响，也是这几方面的影响。在建设猪场时，如果选择的场址地理位置不合理，空气已被有害气体（氟化物、氮氧化物、二氧化硫、各种农药气体等）污染，土壤和水源被病原微生物、寄生虫（卵）、矿物性毒物、腐败产物等污染，或所含的某些微量元素（铅、汞、砷、有机农药、氰化物等）含量超标，就会对猪的健康造成伤害。生产中有的养殖户把猪场建在低洼处或河道、池塘边，由于土壤和空气常年潮湿，由潮湿引起的皮肤病、蹄病等病变常年不断；有的养殖户把场址选在了公路边或居民点等公共场所中间，由于车辆行人的往返穿行，粉尘飞扬，猪极易遭到病原物、噪音等有害因素的侵袭；还有养殖户把场址选在了有污染的工矿企业周边或有污染的废弃厂矿里，给猪的生长带来无休止的后患；在北方地区，有的养殖户把猪场建在北风口处，到了冬季，保温措施难以跟上，猪长期遭受寒冷的侵袭。这些问题都是场址环境条件不适宜造成的。

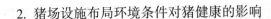

2. 猪场设施布局环境条件对猪健康的影响

如果场址环境条件适宜，而场内的设施和布局设计的不规范，也同样会对猪的健康产生不良环境影响。如建场时场内只有生产区，不设管理和生活区，或设置的不标准，使生产、管理和生活混为一体，界限不清，就不利于防疫灭病和生产管理；不设新引进猪的健康观察舍，新引进的猪不经健康观察直接放入生产区，容易把病原菌带进生产区；不设病猪隔离舍，容易使病猪的病原菌扩散再度感染其他健康猪；不设粪污贮存处理设施，粪污到处堆放，蚊蝇横生，容易污染场内外的环境；猪舍间距过小或墙体过低跨度过小，会影响光照和通风；猪舍不设适宜的通风口，影响舍内通风，使有害气体不能完全排出舍外；舍地面不留适宜的坡度和排粪沟，容易使粪污蓄留舍内，污染环境；建筑材料含有放射性元素等有害物质，会污染环境对猪造成伤害。

3. 猪场管理环境条件对猪健康的影响

加强猪场的管理是营造和维持猪健康生长发育环境条件的保障，只有对猪场进行规范的管理，猪才能最大限度的获得良好环境。随着养猪技术的不断进步，猪场管理的内容也不断注入新的内涵。猪场要制定科学合理的管理制度和程序，以此来约束日常的管理工作。猪场要根据当地疫病流行情况，依据有关标准和规定，制定严格的消毒免疫制度，避免疫病的侵袭。对猪场内的用具、猪舍内外、场周围环境、粪污池（坑）、下水道等要进行定期和不定期的消毒。消毒剂对猪体要无刺激、无残留，对设备没有腐蚀破坏性；按防疫程序对猪进行定期免疫接种；猪场要加强日常管理，场内不得同其他动物混养，粪道料道要分开使用；猪舍内要保持良好的通风；舍内外要保持清洁卫生；饮水要清洁，水井周围不得倾倒污水、垃圾等污物；猪舍的光照要充足，温度、湿度要适宜；场内要保持安静，噪音不得大于 85 分贝，避免各种应激；冬季防寒夏季防暑；车辆人员进场要消毒，非生产人员和外来人员不得随意进入生产区，非进不可时要消毒；新引进猪要进行健康观察，病猪要及时隔离治疗，疑似传染病的猪要及时上报；用药按国家有关兽药质量管理规定进行，并按停药期停药；粪污要及时送往贮存处理场所，并及时进行无害化处理，不得随意堆放；要采取"全进全出"的饲养工艺；饲料要符合国家卫生、营养标准，尽量不用添加剂。对猪要善待，进行人性化管理，加强福利待遇。

五、猪舍日常清洁

（一）卫生保洁的意义

如何理解卫生与保洁概念，就是运用各种方式来清除猪场环境中的各种病原体，减少病原体对环境的污染，切断疾病的传播途径，达到防止疾病发生、蔓延，进而控制和消灭传染病的目的。

首先，卫生保洁的一个重要的环节是对猪生存环境的清洁与消毒。在养猪生产中，许多疾病是由空气传播而引起的，净化舍内的空气环境对减缓疾病的传播速度有重要的意义。由于集约化的饲养方式减少了猪的生活空间，从而提高了环境中的微生物、有害气体以及带有病原体的尘埃的浓度，提高了猪体感染的机会。而对于这些问题，仅从饲料中加入药物这种单一手段是不能解决问题的。众所周知，养猪使用的用具和猪舍的地面、墙壁、屋顶及其周围环境中存在着大量的有机物质，如粪便、尿液、血、炎性渗出物、饲料残渣等等，一方面这些物质可覆盖在病原微生物的表面，许多病原受到这些有机物质的保护而继续存活，可阻碍消毒剂与病原微生物的直接接触而延迟消毒反应，以致对病原杀灭不全、不彻底从而影响消毒剂的效果；另一方面，这些物质同样可吸附一部分消毒剂，导致消毒效果受到影响，所以消毒前进行清洁这一步骤具有相当重要的意义。因此，对存在着污浊物、粪便多的环境进行消毒，是不能完全发挥其杀灭病原体作用，须建立在清洁措施之上的彻底消毒，才对杀灭病原体具有十分重要的意义。另外，保持清洁与适时消毒对于控制致病微生物的聚集和传播也很重要。由于许多养猪企业的猪舍及其设施的使用常是连续性和高密度的饲养模式，这种饲养模式容易导致各种病原的滋生、繁殖，从而引起细菌、霉菌和寄生虫卵在恶劣环境中大量繁殖，使病原传播到不同批次的猪群中，从而引起整个猪群疾病的发生。显然，猪场所进行的清扫实质上是落实生物安全措施中的一个重要的环节。猪场的清洁与消毒相结合方式是唯一有效地能控制猪舍环境这一传染源，减少环境中病原体数量的办法。

（二）如何进行猪场内的环境保洁

首先要确定对象：如圈舍、猪体、道路和过道、运输工具以及环境等等；其次，要遵守清洁与消毒的原则：应建立规范的清洁与消毒制度，明确消毒工作的操作者并落实到人，坚持定期、适时、轮换、交替相结合，确定消毒前的消毒方式，以及合适的消毒剂；掌握消毒剂的使用浓度和计算方法。另外，针对消毒对象的不同，灵活使用喷洒、冲洗、浸泡、洗刷或拌和等方法。最后要注意消毒剂的保存，防止使用失效的消毒剂。

实际生产中，根据饲养方式差异，我们常建议采用两种不同的处理方式。

（1）全进全出的饲养方式：进猪前，进行消毒前彻底清扫猪舍，清除一切有机物，如粪便的适时清扫和环境的清洁是不可缺少的环节，再用水冲洗。常采用高压清洗机彻底清扫猪舍，如房顶、圈栏、地面、粪沟等，进行消毒前彻底清洗，待干燥后，再用清洗机进行彻底的喷洒消毒。空舍时，可考虑使用碱性消毒剂进行彻底的清洗和消毒。常用 2%～3% 的 NaOH 对空猪舍进行彻底地消毒。空舍大消毒一般采用步骤：清扫、高压水冲洗、彻底喷洒消毒剂、清洗、干燥、消毒。有猪存栏时，首先清扫，再根据消毒的原则，选择刺激小、高效广谱的消毒剂，适时进行带猪以及环境消毒，2次/周。在全进全出的猪舍，在空舍期间，采用彻底的清洁与消毒效果最理想；有猪存栏时，要与平时制定的环境卫生清洁程序相结合，对猪舍进行经常性、适时的局部清洁与消毒。通过这种方式，猪舍的病原浓度可以得到控制。

（2）不是全进全出的饲养方式：对猪舍清洁的保持要持之以恒，在清洁干燥的环境中，以刺激性小的消毒剂进行带猪消毒圈舍、屋顶，保持2次/周。用高压清洗机喷洒时，要求彻底、全面。对猪舍采用1次/半年的轮空2周，再进行彻底清洗和消毒。

（三）怎样选择保洁措施

近年来，保洁措施的核心是消毒药品的选择和消毒方式的选用。猪场所使用的消毒剂分为很多类，如碱类、酸类、烷化剂、酚类及相应的化合物、醇类、氧化剂以及表面活性和季铵盐类等等。由于种类繁多，在使用时应选择高效低毒和不同类与不同特性的消毒剂并进行适时地换用，另外要针对场里的疾病状况选用并掌握其使用范畴。

许多外界因素会影响到消毒效果，因此在消毒时，兽医的指导是必要的。首先在消毒剂的选择上，应坚持高效、稳定、广谱、无毒、价适、灵活的原则，对细菌、真菌、病毒和其他病原微生物具有杀灭作用。另外，由于消毒剂要受到如温度、酸碱度（pH值）、清洗结果等的影响，因此要根据病原微生物的特点和消毒剂的特点及消毒对象进行综合考虑。

1. 根据病原微生物的不同类型选定合适的消毒剂

细菌：由于细胞壁结构的不同，革兰氏阳性菌（G^+菌）细胞壁主要由肽聚糖构成，固定肽聚糖是由磷壁酸和糖醛磷壁酸，许多物质能够穿透细胞壁而进入细菌内部；而革兰氏阴性菌（G^-菌）的细胞壁主要由丰富的类脂质构成，类脂质是阻挡外界药物进入的天然屏障；另外，经研究表明革兰氏阴性菌（G^-菌）中的 R 质粒也能够破坏部分消毒剂，所以革兰氏阳性菌（G^+菌）通常比革兰氏阴性菌（G^-菌）对消毒剂更为敏感。

芽孢：芽孢具有较厚的芽孢壁和多层芽孢膜，结构坚实，含水量少，大多数消毒剂是不能杀灭细菌芽孢的。经研究表明，酚类、季铵盐类、乙醇类在高浓度下可抑制芽孢的生长发育。目前公认的消毒剂是戊二醛、甲醛、环氧乙烷及碘伏类等。

病毒：一般而言，病毒的抵抗力介于细菌繁殖体与芽孢之间。根据结构的不同，病毒分为有囊膜病毒（亲脂病毒）和非囊膜病毒（亲水病毒）两种。亲脂性的消毒剂对有囊膜（亲脂）病毒是有效的，如酚类制剂、阳离子表面活性剂、季铵盐等消毒剂对有囊膜病毒如猪瘟病毒有效，但对非囊膜病毒（亲水病毒）的效果就很差；针对口蹄疫病毒、猪水疱病病毒等非囊膜病毒（亲水病毒）必须用高效消毒剂如碱类、过氧化物类、醛类和碘伏等。

2. 根据消毒剂的化学性质及消毒对象分类

由于消毒剂性质各异性，其使用范围各有差异。在兽医临床工作中，我们建议采用实用性强的消毒药品及方式进行。

（1）栏圈、舍内空气、屋顶等消毒：2%～3%的 NaOH 水溶液，10%～20%的漂白粉，10%～20%的石灰乳，3%～5%的来苏儿，0.03%～0.05%的百毒杀以及复合酚 1∶（100～500）。2%～3%的 NaOH 水溶液和 10%～20%的漂白粉都对细菌、芽孢、病毒有杀灭作用。浓度为 2%的 NaOH 可用于猪舍、饲槽的消毒，3%～5%的浓度可针对芽孢的消毒。由于它们附着在消毒对象的体表，使病原无法存活，且他们都对金属有腐蚀作用；生石灰加水后可杀灭繁殖型细菌，对芽孢无效；3%～5%的来苏尔对细菌和病毒有效，10%浓度用于排泄物的消毒，2%的浓度可用于猪舍与其他物品进行消毒；百毒杀主要成分是双链季铵盐类化合物，它能杀灭各种病毒、细菌、霉菌、真菌、藻类等致病微生物，具有药效长久、除臭、清洁之独特效果。复合酚具有杀灭口蹄疫病毒的特效，对危害畜禽健康的其他病毒、细菌、芽孢、体表寄生虫及蚊、蝇类都有极强的杀灭能力；实际生产中，我们常用2%～3%的 NaOH 水溶液高压清洗机气雾喷洒，消毒效果理想。

（2）粪便、粪池、粪沟、毁尸坑的消毒：使用20%～40%石灰乳或漂白粉20%，而且粪便要经无害化处理，如发酵处理。

（3）饮水消毒：保证猪场的用水达到饮用水标准，可使用氯制剂，如漂白粉、次氯酸钠、二氯异氰尿酸钠等。

（4）带猪消毒：消毒液的选择原则是对皮肤刺激性小、低浓度，如季铵盐类消毒药品、0.03%百毒杀、拜洁等。临床中，常用1%～2%NaOH 对30千克以上的猪用高压清洗机进行带猪少量喷洒消毒和舍内的空气清洁。

（5）来往人员的消毒：一般采用脚踏消毒液，全身照射紫外线，紫外线灯照射10～30分钟，30瓦/平方米。

3. 注意事项

（1）场舍的入口处及消毒池的消毒液和畜舍道路的封锁性消毒，消毒液的浓度要高一些，如 NaOH 的浓度可达6%。NaOH 放在消毒坑中，由于它会与空气中二氧化碳起化学反应，从而失去它的消毒功能，因此考虑在进门口放置时，应坚持经常更换或添加。

（2）由于毒性大、数量多的微生物病原体引起的暴发性急性传染病，能产生芽孢、菌体特殊的结核杆菌，配消毒液的浓度更高一些。相反，针对大肠杆菌、猪丹毒杆菌、布氏杆菌等抵抗力较弱的消毒液的浓度可适当低点。

（3）消毒时抗菌活性温度，一般以15～20℃为界，若温度降低会影响消毒效果。通常夏季浓度可低点，冬季可高点。在气温低时为了提高消毒灭菌效果，可加热水使用。

（4）消毒药品严禁混合使用，但可轮流使用。大多数消毒药品之间有拮抗作用，会降低消毒效果。

（5）NaOH、石炭酸、过氧乙酸等消毒药是原浆毒，对组织有腐蚀性，进行消毒时，易灼伤皮肤，要做好防护工作。在夏、秋季气温高于30℃时，可适当进行带猪消毒，消毒6小时后可用清水冲洗。避免使用高浓度NaOH，浓度宜小于5%，防止蹄壳、皮肤受损害。

（6）配制消毒剂时，宜按照使用说明，现配现用，另外应加强操作人员的自我保护。

个性化的规模化猪场猪舍环境卫生保洁方案对猪场疾病的防治工作具有相当重要的作用，也为建立在清洁条件下的消毒程序的落实提供了有力的保障，因此，建议各猪场建立规范、个性化的卫生保洁方案，尤其是清洁与消毒制度，应坚持定期在猪场兽医指导下进行消毒，对落实整个猪场的生物安全措施具有十分重要的实际意义。

六、猪场温度、湿度控制

温度对猪生长的影响主要体现在两方面，一是生长速度，一是饲料利用率。表6-6是温度对育肥猪生长速度和饲料利用率的影响。

表6-6 温度对育肥猪日增重的影响

温度（℃）	日喂量（千克）	平均日增重（千克）	饲料报酬
0	5.06	0.54	9.45
5	3.75	0.53	7.1
10	3.49	0.8	4.37
15	3.14	0.79	3.99
20	3.22	0.85	3.79
25	2.62	0.72	3.65
30	2.21	0.44	4.91
35	1.51	0.31	4.87

湿度是用来表示空气中水汽含量多少的物理量，常用相对湿度来表示。舍内空气的相对湿度对猪的影响，和环境温度有密切关系。无论是幼猪还是成年猪，当其所处的环境温度在较佳范围之内时，舍内空气的相对湿度对猪的生产性能基本无影响。试验表明，若温度适宜，相对湿度从45%变到95%，猪的增重无异常。这时，常出于其他的考虑，来限制相对湿度。例如，考虑到相对湿度过低时猪舍内容易飘浮灰尘，还对猪的黏膜和抗病力不利；相对湿度过高会使病原体易于繁殖，也会降低猪舍建筑结构和舍内设备的寿命。所以就算是处于较佳温度范围内，舍内空气的相对湿度也不应过低或过高。

当舍内环境温度较低时，相对湿度大，会使猪增加寒冷感。这是由于猪的毛、皮吸附了潮湿空气中的水分后，导热性增大，使猪体散热量增大。同时，随着通风换气，使蕴含于水汽中的大量潜热流失到舍外，降低了舍温。因此较低舍温时，相对湿度大，会影响猪的生产性能，这一点对幼猪更为敏感。例如，据试验在冬季相对湿度高的猪舍内的仔猪，平均增重比对照组低48%左右，且易引起下痢、肠炎等疾病。

当舍内环境温度较高时，舍内相对湿度大，同样也会影响猪的生产性能。猪原本适应湿度变化的能力较强，即使相对湿度超过85%对生长性能影响也不大。但高温下的高湿，会妨碍猪的蒸发散热，从而加剧了高温的危害。如果温度超过适宜温度，相对湿度从40%升高到70%，便会减缓猪的增重。这一点成年猪更为敏感，因为成年猪的适宜生长温度比仔猪要低。

(一) 猪舍温度控制措施

1. 常用降温措施

（1）水帘：水帘降温是在猪舍一方安装水帘，一方安装风机，风机向外排风时，从水帘一方进风，空气在通过有水的水帘时，将空气温度降低，这些冷空气进入舍内使舍内空气温度降低。这是猪场使用效果较好的一种，一方面温度降低了，另一方面空气流通加强，也相应降低了猪的有效温度。

（2）喷雾：把水变成很细小的颗粒，也就是雾。需在下落的过程中不断蒸发，吸收空气中的热量，使空气温度降低；最简易的办法是使用扇叶向上的风扇，水滴滴在扇叶上被风扇打成雾状。这种设施辐散面积大，在种猪舍和育肥猪舍使用效果不错。

（3）遮阴：利用树或其他物体将直射太阳光遮住，使地面或屋顶温度降低，相应降低了舍内的温度。

（4）淋水：将水直接淋到猪身上，一方面水温比体温低，可起到降温作用。另一方面，水落到猪体会蒸发吸热，使猪体周围空气温度降低。

（5）风扇：风速可加速猪体周围的热空气散发，较冷的空气不断与猪体接触，起到降温作用。

（6）减小密度：将猪群密度降低，猪群热源减少，散热更快，起到降温作用。减小密度一般用于密度较大的猪群，如大体重育肥猪群和怀孕后期的定位栏母猪。一些猪场采用夏季在舍外建部分简易的敞圈，只有四周的栏杆和遮阴防雨的顶棚，投资很小。使用时将密度大的妊娠或空情母猪或者大体重育肥猪抽取部分放到敞圈，既减少了舍内的密度，同时敞圈因通风好，处于敞圈的猪也不会出现问题。

（7）电空调：特殊猪群使用，温度适宜，只是成本过高，不宜大面积推广，现多用于公猪舍。

（8）水池：有些猪场结合猪栏两端高度差较大的情况，将低的一头的出水口堵死，可以一头积存大量的水，猪热时可以躺到水池中乘凉，有一定的降温效果；水源充足的地区，不停地更换凉水，效果更好。一些猪场使用的水厕所，也能起到同样的作用。

（9）滴水：水滴到猪体，然后蒸发，吸收猪体热量，从而起到降温作用。

（10）加大窗户面积：加大窗户面积，可以加大空气流通，通过风速散热。这种原始的降温方式效果值得肯定，而且成本低，仍应提倡。

（11）降低水或料温度：参考人在炎热时喝冰镇啤酒或吃凉粉等可以解暑的原理，给猪吃或喝进温度低的食物和水，也可以起到降温作用；这一办法用在哺乳母猪身上效果很好，方法是建一个地下贮料或加工室，将加工好的湿拌料放在温度较低的地下室贮存，喂料时取出，使猪吃到凉快的食物，可以大大提高母猪采食量。

2. 降温时的注意事项

（1）水帘的封闭严度：水帘降温是进风通过水帘时吸收热量，但如果风不从水帘处进，那就没有降温效果了；因为水帘降温的猪舍一般较长，中间有许多窗户，如果窗户未关严，那么进风会走短路；而从窗户吸进的风不是已降温的空气，而是外面更热的空气，不但不能使空气温度降低，还会使局部温度升高；所以水帘降温时，必须将其他所有的进风口关严。

（2）水降温时的供水与排水：使用水降温时，用水量是非常大的，如果猪场水源不充足，或者高温季节电力供应不足，都会使水供应不足，影响降温效果；这个现象在许多猪场出现过，尽管有先进的设施，但却起不到作用。

（3）风扇的覆盖面（风扇）：风扇降温是风吹到猪身上才有降温效果，而风吹不到的或风很弱的区域则没有效果或效果不理想，风扇降温时容易出现这种情况，特别是使用高员扇时，如果一个风扇负责几个猪栏，就会出现部分猪起不到降温效果。因此，使用风扇时必须注意风是否能吹到猪身上。

（4）遮阴时的空气流通：猪场种树或使用其他遮阴物，可以阻挡阳光直射，但因遮阴物占用空间较大，往往影响空气流通，如果再遇上猪舍窗户面积小，猪舍的空气就无法流动，大密度猪群自身产生的热量无法排出，将处于高温状态；所以使用遮阴降

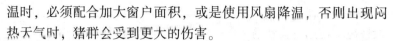

温时，必须配合加大窗户面积，或是使用风扇降温，否则出现闷热天气时，猪群会受到更大的伤害。

（5）窗户的有效面积（高低、大小、舍外影响如舍间距挡风物）：窗户的作用一是采光。二是通风。现在许多猪场只考虑采光而不考虑通风，这在使用铝合金推拉窗户时最明显。相对于通风来说，使用推拉窗通风量只相当于窗户面积的一半，无法进行有效的通风；另外，窗户的位置对通风效果也有影响，一般情况下，位于低层的进风口通风效果更好。在夏天，地窗的作用就远大于普通窗户了；所以，建议猪场在使用推拉式铝合金窗户时，高温季节应将窗扇取下，以加大通风面积；如果给每栋猪舍预留部分地窗，夏天时使用，冬季时堵住，既不增加成本，还起到了夏季降温的作用，还不会影响冬季保暖。

（6）哺乳猪舍的降温：哺乳猪舍降温是夏季降温的最大难题，因为猪舍里既有怕热的母猪，还有怕冷的仔猪，而且仔猪还最怕降温常用的水，这使得许多降温设施无法使用，也很难实现温度适宜不影响母猪采食的效果。过去提倡的滴水降温，因水滴不易控制效果也不好。针对哺乳母猪的降温，下面的措施可以考虑禁用：

①抬高产床，加大舍内空气流通：产床过低时，容易使母猪身体周围空气不流通，母猪散发的热量不易散发，使母猪体周围形成一个相对高温的区域；抬高产床，则使空气流通顺畅，从而起到降温作用。

②保持干燥：水可以降温，但因为仔猪怕水，在哺乳舍尽可能少用；同时如果猪舍湿度大，则水降温效果会变差。如果舍内空气干燥，一旦出现严重高温时，使用水降温则会起到明显的效果。而且短时间的高湿对仔猪的危害也不会大。所以，建议不论任何季节，哺乳猪舍在有猪的情况下，尽可能减少用水，而且一旦用水，也要尽快使其干燥。

③加大窗户通风面积。

④局部使用风扇：使风直吹母猪头部，可起到降温作用；一般情况下使用可移动的风扇，特别是在母猪产仔前后，可明显起到降温作用；有条件的猪场在每头母猪头部吊一个小吊扇，也有一定的效果。

3. 常用升温措施

（1）煤球（块）炉：普通燃煤取暖设施，常使用于天气寒冷而且块煤供应充足的地区。使用的燃料是块煤，优点是加热速度快，移动方便，可随时安装使用；在猪舍使用时用于应急较好。

（2）蜂窝煤炉：使用燃料为蜂窝煤，供热速度和量较煤炉慢而少，但因无烟使用方便，在全国许多地区使用。优点是移动方便，可随时安装使用，应急时有时不必安装烟筒，比煤炉更方便。

（3）火墙：在猪舍靠墙处用砖等材料砌成的火道，因墙较厚，保温性能更好些；火墙在较寒冷地区多用；如果将添火口设在猪舍外，还可以防止煤烟火或灰尘等的不利影响。

（4）地炕：将猪舍下方设计成火道，火在下方燃烧时，地面保持一定的温度；因为热量是由下向上散发的，火炕既可保持适宜的温度，还可在猪舍温度较低时使猪的有效温度较高，大大节约成本。另外，还可以把地炕设计成烧柴草形式，燃料为廉价的杂草或庄稼秸秆，可使成本降到更低；在秸秆丰富的农区，小型猪场因人力充足，这种形式是非常实惠的。

（5）地暖：类似地炕，但不同之处是在水泥地面中埋设循环水管，需要供暖时，将锅炉水加热，通过循环泵将热水打进水泥地面中的循环水管，使地面温度升高。这一方法在许多猪场使用，效果非常好，而且不占有地面面积，老式猪舍也很容易改建。如果在水泥地面下铺设隔热垫层，防止热量向下面散发，可节约部分燃煤成本。

（6）水暖：同居民使用的水暖，但因猪一般都处于低位，水暖气片的热量是向上升的，取暖效果一般，而且投资大，占地面积也大，使用量正在减少。

（7）气暖：同水暖，供热速度更快，容易达到各种猪舍对温度的要求；不足之处是对锅炉工要求较高，不适于小型猪场使用。

（8）塑料大棚：这是农户养猪使用最普遍的设施，投资少，使用方便。

（9）电空调：投资大，费用高，只能应急使用。

（10）热风机：也叫畜禽空调，是将锅炉的热量通过风机吹到猪舍，舍内温度均匀，而且干净卫生，价格也较电空调便宜得多，在许多大型猪场广泛使用。

（11）红外线灯：是局部供暖的不错选择，适宜于应急使用。特别是在新转入猪群中使用，容易操作，很受饲养者欢迎。

4. 升温时需注意的问题

（1）炉烟：这在使用煤炉、蜂窝煤炉或火墙时经常出现的现象，特别在生火时经常使舍内乌烟瘴气，在密度相对较大的猪舍，使空气质量明显变差，不利于猪的健康。特别是一些猪场煤炉或蜂窝煤炉不装烟筒，还容易引起一氧化碳中毒。因猪对一氧化碳的耐受性较人强，往往造成慢性中毒而不被发现；所以使用煤炉或蜂窝煤炉时，必须安装烟筒。

（2）失火：取暖引起失火的现象时有发生，特别是木制结构的猪舍，必须使烟筒远离易燃物。同时在取暖季节，要安排人员夜间值班，以防事故出现。

（3）塑料棚的湿度：塑料大棚在冬季最容易出现湿度过大的问题，是因为猪舍潮气无法排出的缘故，所以，使用塑料大棚时，应该在棚顶预留出通气孔，而且为防止通气孔热量散失过多，可考虑晚上用草帘盖在通气孔上，既不影响通气，还起到了保温的作用。建塑料大棚时，如果设计成可方便揭盖草帘形式，晚上将草帘盖上，白天揭开，更有利于猪群生产。

（4）暖气和热风炉的水循环：暖气和热风炉水循环不畅的现

象时有发生，一旦循环受阻，热水将不能输送到位，起不到取暖的作用；另一个现象是由于设计不周，暖气管道供热不均匀，部分区域很热，部分区域不热，造成猪舍温度不均匀。

（5）畜禽空调的合理使用：畜禽空调不像电空调那样质量可靠，经常出现一些问题，如果不懂使用或维修方法，往往造成无法使用的情况：有时需要人为控制，失去空调的作用；有时却是人们不敢使用；这种现象在更换饲养员或电工时经常出现。所以在购买畜禽空调时，必须把使用说明书保管好，最好是由老板直接保管，一般出现小问题，可以参照说明书去调整。

（6）监督监管：在猪场，晚上职工都下班休息，往往只剩锅炉工在坚持工作，没人监督，这容易养成锅炉工偷懒的习惯。晚上该烧时不烧，到早晨上班时将锅炉烧热，如果不是晚上查夜是难以发现的。如果猪场不安排查夜，也可以考虑使用低温报警装置。如使用我们前面提到的电接点温度计，结合使用继电器，如果温度低于规定范围，报警器自动报警，这样锅炉工也就不敢偷懒了。

（7）空气质量：天气寒冷时，猪舍往往封闭很严，新鲜空气进入量少，经常出现舍内氧气量不足，影响猪群生产的情况。所以，在保温时不要忽略空气质量，以免顾此失彼。

（二）猪舍湿度控制

湿度是用来表示空气中水汽含量多少的物理量，常用相对湿度来表示。舍内空气的相对湿度对猪的影响，和环境温度有密切关系。无论是幼猪还是成年猪，当其所处的环境温度在较佳范围之内时，舍内空气的相对湿度对猪的生产性能基本无影响。试验表明，若温度适宜，相对湿度从45%变到95%，猪的增重无异常。这时，常出于其他因素的考虑，来限制相对湿度。例如，考虑到相对湿度过低时猪舍内容易飘浮灰尘，还对猪的黏膜和抗病力不利；相对湿度过高会使病原体易于繁殖，也会降低猪舍建筑结构和舍内设备的寿命。所以就算是处于较佳温度范围内，舍内空气的相对湿度也不应过低或过高。

当舍内环境温度较低时，相对湿度大，会使猪增加寒冷感。这是由于猪的毛、皮吸附了潮湿空气中的水分后，导热性增大，使猪体散热量增大。同时，随着通风换气，使蕴含于水汽中的大量潜热流失到舍外，降低了舍温。因此，舍温较低时，相对湿度大，会影响猪的生产性能，这一点对幼猪更为敏感。据试验，在冬季相对湿度高的猪舍内的仔猪，平均增重比对照组低48%左右，且易引起下痢、肠炎等疾病。

当舍内环境温度较高时，相对湿度大，同样也会影响猪的生产性能。猪原本适应湿度变化的能力较强，即使相对湿度超过85%对生长性能影响也不大。但高温下的高湿，会妨碍猪的蒸发散热，从而加剧了高温的危害。如果温度超过适宜温度，相对湿度从40%升高到70%，便会减缓猪的增重。这一点成年猪更为敏感，因为成年猪的适宜生长温度比仔猪要低。

综合考虑，适宜猪生活的相对湿度为60%～80%。在某些地区或季节，舍内相对湿度偏高而无法降低时，应采取措施增加或降低舍温及作好卫生防疫工作，这样也能确保猪只的正常生产。

1. 潮湿的产生

谁都知道潮湿的来源是水，夏季产房潮湿，往往与天热时母猪玩水有关，也与饲养员为降温冲洗地面过频有关。因高温问题一直没有更好的办法，所以使产房一直处于潮湿环境中。冬季产房湿度大，往往是由于封闭过严，舍内水汽无法排出，遇到较冷的墙壁和屋顶，再次结成水流到地面，这样循环往复，使舍内一直处于潮湿状态；这种现象在寒冷地区经常出现。

空猪舍潮湿，是因为冲洗消毒的缘故；许多人重视消毒，在冲洗干净后一次又一次消毒，使猪舍无法干燥；如果猪舍急用，只能进入潮湿的环境中了。

2. 解决湿度过高的措施

加大通风：只有通风才可以把舍内水汽排出，通风是最好的办法。但如何通风，则根据不同猪舍的条件采取相应措施，以下是几种加大通风的措施：

①抬高产床：使仔猪远离潮湿的地面，潮湿的影响会小得多。

②增大窗户面积：使舍内与舍外通风量增加。

③加开地窗：相对于上面窗户通风，地窗效果更明显，因为通过地窗的风直接吹到地面，更容易使水分蒸发。

④使用风扇：风扇可使空气流动加强，在空舍使用时效果非常好。

七、粪污处理

根据国家环保总局《畜禽养殖污染防治管理办法》要求，按照"综合利用优先，资源化、无害化和减轻化"的原则，要以养殖场粪污为对象，进行污水有效处理，资源化利用，粪便生产生物有机肥，粪水生产沼气进行发电，从而达到治理环境、粪污利用和再生能源的目的。全国猪场粪便污染物进入水体的流失率保持在 3.0% ~6.2% 的水平，而液体排泄物则可能达到 50%，个别地区流失率更高。某地区的调查表明，畜禽粪便进入水体的流失率可达到 25% ~30%。

（一）粪污水的处理原则

根据饲养工艺、排污量的大小和排污浓度的特点，按照清洁化生产的原则，在饲养工艺方面进行可操作的调整，结合废弃物处理、环境保护、资源综合利用和生态农业生产的要求选择最适宜的处理工艺与综合利用模式。粪污水的处理原则要满足：减量化、无害化、资源化、生态化。

1. 减量化

要治理好畜粪污染，必须从污染的源头抓起，必须有效的削减污染总量。实行干清粪工艺，并将冲圈水减少到最低限度，从

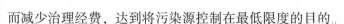

而减少治理经费，达到将污染源控制在最低限度的目的。

2. 无害化

选用先进工艺技术，结合猪场周围的环境、粪污消纳能力和能流物流生态平衡的特征，因地制宜、消除污染、消除蚊蝇孳生、杀灭病菌，实现污水达标排放和能源生态综合利用的"零排放"。

3. 资源化

有害粪污经过治理，达到变废为宝的目的。粪便治理后可作为花卉、蔬菜、大田作物的有机肥或深加工制成有机复合肥。厌氧发酵残余物的沼渣沼液除含有 N、P、K 外，还含有钙、铜、锌、铁等多种微量元素、氨基酸、维生素、生长素和有益微生物，是一种速、迟效兼备的有机肥料。利用沼肥对果树、蔬菜及作物进行灌溉或喷施，节省大量农药和化肥，节约生产成本、改善土壤理化结构、提高土壤肥力、调节作物生长、抑制病虫害，实现增产增质增值。污水处理后的灌溉和回用可使水资源得到进一步的利用，是粪污处理工程可持续发展的基础。

4. 生态化

建成"畜→污→沼→饲→菜→畜"和"畜→污→水→菜→果→田→畜"的生态平衡系统，通过污染防治为有机农业的发展提供重要依托。利用现代科学技术，通过人工设计生态工程，以协调发展与环境之间、资源开发利用与生态保护之间的关系。

（二）粪污资源化的关键

1. 管理实现减量化的原则

在污染防治上应强调通过生产结构调整及开展清洁生产减少污染物产生量，降低处理难度及处理成本（干清粪，固液前分离）。

2. 处理优先资源化的原则

资源化和综合利用结合，坚持以利用为主、利用与污染治理相结合的原则（沼气、肥料）。

3. 结果达到无害化的原则

利用时不会对牲畜和作物的生长产生不良影响；排放的污水和粪便不会对地下水和地表水产生污染等（消灭虫卵、致病菌，处理后的污水回用与灌溉）。

4. 整个系统生态化的原则

以农养牧、养渔，以牧、渔促农，实现生态系统的良性循环（三沼的利用）。

5. 运作通过产业化的原则

畜禽粪便收集、生产和销售，采用产业化和专业化运作模式，吸引社会投资（与其他农业生产技术结合）。

(三) 最佳猪场粪污处理系统

使猪场粪污排放量最小化和便于收集、减少水污染，控制臭味和氨散发、减少作物和土壤的损害、减少设备投资和运行管理费用、减少疾病的发生和传播、提高利用率，多层次、多功能地开发利用其燃料、饲料、肥料价值，同步获得多种效益。

(四) 沼气工程产品方案与模式

根据现场条件和对发酵残留物处理利用方式和要求的不同，沼气工程可以有两大类，即生态类型和环保类型。在实际工程设计中，根据现场条件、沼气利用和排放等方面的要求，可以选择模式。

1. 生态型沼气工程

畜禽粪便沼气工程，首先要将养殖业与种植业合理配置，这样既不需要后处理的高额花费，又可促进生态农业建设，沼气工程周边的农田、鱼塘、植物塘等能够完全消纳经沼气发酵后的沼渣、沼液，使沼气工程成为生态农业园区的纽带。所以说生态型沼气工程是一种理想的工艺模式。生态型沼气工程的特点是，由于后处理过程比较简单，因此，投资和运行成本均较低。生态型工艺模式流程如下。

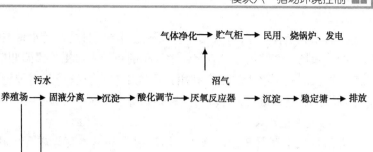

2. 环保型沼气工程

适于周边环境无法消纳沼气发酵后的沼渣、沼液，必须将沼渣制成商品肥料，将沼液经后处理达标排放的情况。该模式既不能使资源得到充分利用，并且工程和运行费用较高，应尽量避免使用。但由于采用了沼气发酵工艺，可回收一定量的沼气做为能源，并通过沼气发酵又去除了污水中的大部分有机物，这比单纯使用好氧曝气的方法来处理污水，既产能又节能。环保（废水达标）型：工艺模式流程如下：

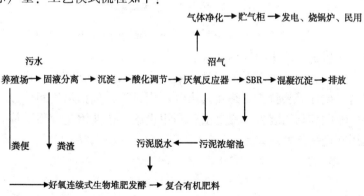

工艺适宜条件：年出栏5 000头以下的猪场，日处理污水量50t以下的养殖场；养殖场周围应有较大规模的鱼塘、农田、果园和蔬菜地，可供沼液、沼渣的综合利用；沼气用户与养殖场距离较近；养殖场周围环境容量大，环境不太敏感和排水要求不高的地区。

3. 沼气工程建设

养殖场大中型沼气工程以"一池三建"为基本建设单元，建设沼气发酵池以及原料预处理、沼气利用和沼肥利用设施（图6-12）。

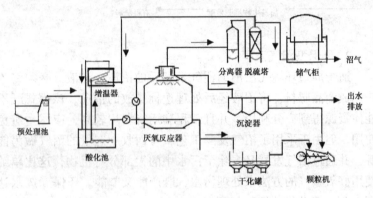

图6-12 沼气工程发酵流程图

"一池"：是指沼气发酵装置，即在厌氧条件下，利用微生物分解有机物并产生沼气的装置。

"三建"：一是建设预处理设施：包括沉淀、调节、计量、进出料、搅拌等装置；二是建设沼气利用设施，包括沼气净化、储存、输配和利用装置；三是沼肥利用设施，包括沼渣、沼液综合利用和进一步处理装置。

模块七 猪场设备操作与维护

一、计量及运输设备的操作及维护

(一) 猪场计量设备

1. 秤猪电子磅（图7-1）

含秤架、显示仪表、传感器、接线盒。

图7-1 电子磅

2. 地磅

标准配置主要由承重传力机构（秤体）、高精度称重传感器、称重显示仪表三大主件组成。电子地磅的安装位置应有良好的排水通道，安装的位置不能低于四周，否则会因地势低，下雨时造成积水，淹没地磅，损坏传感器。对于浅基坑更应设置排水通道。另外两端必须有足够长度的平直路供汽车上下秤台，两端直道要至少等于秤台长度（图7-2）。

图7-2 地磅

3. 温、湿度计

将温度计置于通风处，要远离冷、热源，避免骤热，不要被阳光照射。保持使用场所环境清洁，避免灰尘，定期对温湿度计进行清理。不能直接接触蒸汽，也不要用嘴哈气，否则会使器件内结露，造成示值漂移。按规定的期限将温湿度计送专业机构进行校验。

（二）猪场运输设备

1. 断奶仔猪运输车

主要是用于猪场两点式饲养。在分娩舍，新生仔猪断奶后通过仔猪运输车转到本场之内的育肥场进行育肥；或者用于猪场内运输猪苗的仔猪转运车。使用仔猪运输车（图7-3），可以减少仔猪在转运、运输中因环境所造成的各种应激，尽可能地减少断奶仔猪在运输过程中可能承受的压力和伤害，为仔猪提供了舒适的转运环境和待遇。

2. 饲料运输车

散装饲料车，全称为散装饲料运输车。主要用于从饲料厂向猪场运输散装饲料成品或饲料生产原粮（图7-4）。

图 7 - 3 仔猪运转车

图 7 - 4 散装饲料车

3. 粪便运输车

粪便运输车的样式如图 7 - 5 所示。

图 7 – 5　粪便运输车

二、喂料、饮水及消毒器具的操作及维护

（一）喂料设备

1. 自动上料系统

自动上料系统可以自动将料罐中饲料输送到猪只采食料槽中，输料是按照时间控制，每天可以设置多个时间段供料。到设定开启时间，三相交流电动机接通电源，带动刮板链条，开始输料。料线管道从猪只采食的食槽上面经过，在每一个食槽位置留有一个三通下料口。饲料在链条的带动下，自动流入食槽中。到设定关闭时间或输料期间传感器检测到饲料加满，切断三相交流电源，停止输料。自动上料系统可以实现全自动操作，降低工人的劳动强度，提高猪场的生产效率。本系统可以应用到育肥猪舍、定位栏、母猪精确饲喂、种猪测定设备。

2. 母猪智能化饲喂系统

猪只佩戴电子耳标，由耳标读取设备进行读取，判断猪只的身份并传输给计算机，同时有称重传感器传输给计算机该猪的体重。管理者设定该猪的怀孕日期及其他的基本信息。系统根据终端获取的数据（耳标号、体重）和计算机管理者设定的数据（怀孕日期）运算出该猪当天需要的进食量，然后把这个进食量分量分时间的传输给饲喂设备为该猪下料。同时系统获取猪群的其他信息来进行统计计算。为猪场管理者提供精确的数据进行公司运营分析。

（二）饮水装置的操作和维护

自动饮水装置：通常双列式猪栏用直径 25 毫米的水管，在距地面（或猪床）30～50 厘米的水管上安装自动饮水器。自动饮水器的类型较多，目前常用的有鸭嘴式和乳头式两种。

1. 鸭嘴式饮水器

这种饮水器由机体、阀杆、胶垫和加压的弹簧等构成。在它的作用之下，装在端口的胶垫会封住机体上面用来出水的小孔。当猪在喝水的时候，只要去咬它的阀杆，使杆微微的倾斜，水就会经过胶垫的缝隙，沿着转嘴上尖的一角流到猪的嘴巴里。喝完水之后，加压的弹簧又会使阀杆和胶垫变回原来的位置，重新把水孔封住（图 7 – 6）。

图 7 – 6　鸭嘴式饮水器

2. 乳头式饮水器

结构简单，由壳体、顶杆和钢球三大件构成。猪饮水时，顶起顶杆，水从钢球、顶杆与壳体的间隙流出至猪的口腔中；猪松嘴后，靠水压及钢球、顶杆的重力，钢球、顶杆落下与壳体密接，水停止流出．这种饮水器对泥沙等杂质有较强的通过能力，但密封性差，并要减压使用，否则流水过急，不仅猪喝水困难，而且流水飞溅，既浪费水又弄湿猪栏。安装乳头式饮水器时，一般应使其与地面成45°～75°倾角。离地高度：仔猪为25～30厘米，生长猪（3～6月龄）为50～60厘米，成年猪75～85厘米。

（三）消毒器具的操作和维护

1. 喷雾消毒冲洗设备

最常用的有地面冲洗喷雾消毒机。工作时，电动机启动活塞和隔膜往复运动，清水或药液先吸入泵室，然后被加压经喷枪排出。该机工作压力为15～20千克/平方厘米，流量为20升/分钟，冲洗射程12～14米，是工厂化猪场较好的清洗设备。

2. 紫外线杀菌灯

紫外线杀菌灯具有强烈的杀菌作用。紫外线杀菌灯属于低压汞灯，外壳由石英玻璃管或透短波紫外线的玻璃管制成，内充低压的惰性气体和汞蒸汽，两端为金属冷电极或热灯丝电极，通过给两极加高压或有触发高压后由较低电压维持放电，起杀菌作用。

3. 火焰消毒器

火焰消毒器是一种以石油液化气或煤气作燃料产生强烈火焰，通过高温火焰来杀灭环境中病菌、病毒、寄生虫等有害微生物的仪器（图7－7）。

a.冲洗喷雾消毒机 b.火焰消毒器

图7-7 消毒设备

三、饲料加工设备的操作及维护

（一）饲料粉碎机

饲料粉碎机主要用于粉碎各种饲料和各种粗饲料，饲料粉碎的目的是增加饲料表面积和调整粒度。增加表面积提高了适口性，且在消化道内易与消化液接触，有利于提高消化率，更好吸收饲料营养成分；调整粒度一方面减少了咀嚼对耗用的能量，另一方面对输送、贮存、混合及制粒更为方便，效率和质量更好。

1. 种类

（1）对辊式：是一种利用一对作相对旋转的圆柱体磨辊来锯切、研磨饲料的机械，具有生产率高、功率低、调节方便等优点，多用于小麦制粉业。在饲料加工行业，一般用于二次粉碎作业的第一道工序（图7-8）。

（2）锤片式：是一种利用高速旋转的锤片来击碎饲料的机械。它具有结构简单、通用性强、生产率高和使用安全等特点（图7-9）。

（3）齿爪式：是一种利用高速旋转的齿爪来击碎饲料的机

图 7 - 8 对辊式饲料粉碎机

图 7 - 9 锤片式饲料粉碎机

械，具有体积小、重量轻、产品粒度细、工作转速高等优点（图
7 - 10）。

图 7 – 10 齿爪式饲料粉碎机

2. 选购

根据生产能力选择，一般粉碎机的说明书和铭牌上，都载有粉碎机的确定生产能力（千克/小时），但应注意以下几点。

（1）所载额定生产能力，是指特定状态下的产量。谷类饲料粉碎机，是指粉碎原料为玉米，含水量为储存安全水分（约13%），筛片孔径直径为 1.2 毫米下的产量。玉米是常用的谷物饲料，故直径 1.2 毫米孔径的筛片是常用的最小筛孔。

（2）选定粉碎机的生产能力应略大于实际需要的生产能力，否则将加大锤片磨损、风道漏风等导致生产能力下降的因素出现的频率，影响饲料连续生产供应。

根据粉碎原料选择，以粉碎谷物饲料为主的，可选择顶部进料的锤片式粉碎机；以粉碎糠麸谷麦类饲料为主的，可选择爪式粉碎机；要求通用性好，以粉碎谷物为主，并兼顾饼谷和秸秆，可选择切向进料的锤片式粉碎机；粉碎贝壳等矿物饲料，可选用贝壳无筛式粉碎机；用作预混合饲料的前处理，要求产品粉碎的粒度很细又可根据需要经行调节的，应选用特种无筛式粉碎机等。

3. 操作注意事项

（1）粉碎机长期作业，应固定在水泥基础上。如果需要经常变动工作地点，粉碎机与电动机要安装在用角铁制作的机座上；如果粉碎机用柴油作动力，应使两者功率匹配，即柴油机功率略大于粉碎机功率，并使两者的皮带轮槽一致，皮带轮外端面在同一平面上。

（2）粉碎机安装完后要检查各部件的紧固情况，若有松动须予以拧紧。

（3）要检查皮带松紧度是否合适，电动机轴和粉碎机轴是否平行。

（4）粉碎机启动前，先用手转动转子，检查一下齿爪、锤片及转子运转是否灵活可靠，壳内有无碰撞现象，转子的旋向是否与机上箭头所指方向一致，电机与粉碎机润滑是否良好。

（5）不要随便更换皮带轮，以防转速过高使粉碎机发生爆炸，或转速太低影响工作效率。

（6）粉碎台启动后先空转 2~3 分钟，没有异常现象后再投料工作。

（7）工作中要随时注意粉碎机的运转情况，送料要均匀，以防阻塞闷车，不要长时间超负荷运转。若发现有振动、杂音、轴承与机体温度过高、向外喷料等现象，应立即停车检查，排除故障后方可继续工作。

（8）粉碎的物料应仔细检查，以免铜、铁、石块等硬物进入粉碎室造成事故。

（9）操作人员不要戴手套，送料时应站在粉碎机侧面，以防反弹杂物打伤面部。

4. 维修与保养

（1）及时检查清埋。每天工作结束后，应及时清扫机器，检查各部位螺钉有无松动及齿爪、筛子等易损件的磨损情况。

（2）加注润滑脂。最常用的是在轴承上装配盖式油杯。一般情况下，只要每隔2小时将油杯盖旋转1/4圈，将杯内润滑脂压入轴承内即可。如是封闭式轴承，可每隔300小时加注1次润滑脂。经过长期使用，润滑脂如有变质，应将轴承清洗干净，换用新润滑脂。机器工作时，轴承升温不得超过40℃。如在正常工作条件下，轴承温度继续增高，则应找出原因，设法排除故障。

（3）仔细清洗待粉碎的原料，严禁混有铜、铁、铅等金属零件及较大石块等杂物进入粉碎室内。

（4）不要随意提高粉碎机转速。一般允许与额定转速相差为8%～10%。当粉碎机与较大动力机配套工作时，应注意控制流量，并使流量均匀，不可忽快忽慢。

（5）机器开动后，不准拆看或检查机器内部任何部位；各种工具不得随意乱放在机器上；当听到不正常声音时应立即停车，待机器停稳后方可进行检修。

5. 常见故障排除

（1）常见故障一：碎时工作无力、启动、通电等故障。

检修方案：这种情况一般可自行检修。首先检查电源插座、插头、电源线有无起氧脱落、断裂之处，若无则可插上电源试机。当电机通电不转动，用手轻拨动轮片又可转动时，即可断定是该机的两个启动电容中有一个容量失效所致。这种情况下一般只能换新品。

（2）常见故障二：通电不转动，施加外力能转动但电机内发出一种微弱的电流响声。

检修方案：这种情况一般是启动电容轻微漏电所致。若电流响声过大，电机根本不能启动，断定是启动电容短路所致（电机线圈短路则需专业修理）。在无专业仪器的情况下，可先取下电容（4UF/400V），将两引线分别插入电源的零线和火线插孔中给电容充电，然后取下将两引线短路放电。若此时能发出放电火花且有很响的"啪"声，说明该电容可以使用；若火花和响声微弱，说明电容的容量已经下降，需换新或再加一个小电容即可。若电容已经损坏短路就不能用此法，而且必须用同规格新品替换才可修复。

（二）饲料混合机

1. 种类

（1）卧式螺带混合机。

工作原理：无重力混合机卧式筒体内装有双轴旋转反向的浆叶，浆叶成一定角度将物料沿轴向、径向循环翻搅，使物料迅速混合均匀。卧式混合机性能特点：减速机带动轴的旋转速度与浆叶的结构会使物料重力减弱，随着重力的缺乏，各物料存在颗粒大小、比重悬殊的差异在混合过程中被忽略。激烈的搅拌运动缩短了一次混合的时间，更快速、更高效。即使物料有比重、粒径的差异，在交错布置的搅拌叶片快速剧烈的翻腾抛洒下，也能达到很好的混合效果。

（2）卧式螺带混合机出料方式：粉体物料采用气动大开门结构形式，具有卸料快、无残余等优点；高细度物料或半流体物料采用手动蝶阀或者气动蝶阀。手动蝶阀经济适用，气动蝶阀对半流体的密封性好，但造价比手动蝶阀高。在需要加热或冷却的场合，可配置夹套。加热方式有电加热和导热油加热两种方式可选：电加热方便，但升温速度慢，能耗高；导热油加热需要配置油锅和导油动力、管道，投资较大，但升温速度快，能耗较低。冷却工艺可直接向夹套内注入冷却水，夹套换热面积大，冷却速度快。电机与搅拌主轴之间通过摆线针轮式减速机直联，结构简单，运行可靠度高，维护方便。

（3）立式混合机：立式混合机主要由受料斗、垂直搅龙、机壳、卸料活门、支架和电机传动部分组成。立式混合机是靠垂直搅龙抛散物料而达到混合。因其主要是靠扩散原理进行混合的，所以混合时间较长，一般一批饲料的混合时间为 15～20 分钟。立式混合机的优点是配套功率小，占用面积小，可与其他设备配套使用，也可单独使用。缺点是混合时间长，混合质量差，生产效率低，且卸料后机内残留物料较多。所以，在大中型饲料厂中几乎不采用，也不能用于加工预混合饲料。一般用于小型畜牧场饲料加工车间或机组的干粉料混合。

（4）双轴桨叶式混合机：双轴桨叶式混合机主要由机体、转子、排料机构、传动部分和控制部分组成。机体为双槽形，其截面形状呈 "W" 形，机体顶部开有两个进料口，两机槽底部各有一个排料口。该机的转子为两根并排安装并作相向旋转的轴及安装在其上面的桨叶构成。每组桨叶有两片叶片，桨叶一般呈 45°安装在轴上。两轴上的桨叶组相互错开，其轴距小于两桨叶长度之和。其转子运转时，两根轴上的对应桨叶端部在机体中央部分形成交叉重叠，但不会相互碰撞。混合机工作时，机内物料呈现多方位的复合运动状态：一是沿转子轴方向的对流混合；二是剪切混合，即由于物料内有速度梯度分布，在物料中彼此形成剪切面，使物料之间产生相互碰撞和滑动，从而形成剪切混合；三是特殊的扩散混合，在其机体中部一线区域，即两转子反方向旋转所形成的运动重叠区，由于两转子的相向运动使该区域的物料受旋转桨叶作用比在其他区域强两倍以上。其特点为混合作用轻而平和，摩擦力小，混合物无离析现象，不会破坏物料的原始物理状态。这种混合机主要用于糖蜜的添加及矿物质微量元素的混合，混合均匀度较高。

（5）圆锥形行星混合机：圆锥形行星混合机主要由机壳、螺旋工作部件、曲柄、公转与自转电机、变速器组成。当曲柄转动时，通过曲柄与齿轮的传动，使螺旋轴在围绕圆锥形筒体公转的同时又进行自转，致使物料不仅上下混合，而且还绕着筒体四周不断转动并在水平方向混合。由于外壳为锥形，因此，上下部的运动速度不同，同一高度层的运动速度也不一样，使得物料之间存在相对运动。因此，该混合机工作时主要是扩散混合，而且混合作用强，混合时间短，最终的混合质量较好。此外，混合料的粒径、密度、散落性及物料在混合筒内的充满系数都不会对混合机的正常工作产生明显影响。其优点是混合作用强，混合时间短，能很快达到统计学上的完全混合状态，且残留量少，比较适合预混合饲料的加工。缺点是价格较高，适用范围受到限制。

（6）V型混合机：V型混合机是回转筒式混合机的代表机型之一。物料随着机筒旋转。在机筒内的运动轨迹为两对称相交的近似椭圆轨迹，物料在机内作交替重复的分离和聚合，混合主要在两轨迹重选区进行，混合以扩散和剪刀为主。其优点是混合时间短，能有效防止结块。缺点是占地面积大，不易安装。在饲料厂中，多用于添加剂的稀释和预混合。

2. 选购要点

（1）根据每天生产量挑选螺旋混机。因混合机加工每批物料时间约6分钟，加上出料及进料的时间，每批物料加工时间可按10分钟计，则1小时可以加工6批料。如选择每批加工量100千克的混合机，则每小时可加工600千克。用户可以根据自己的需要挑选卧式混合机。

（2）根据卧式螺旋带式混合机工作原理，用于搅拌混合的双螺旋带向相反方向推送物料的能力应是基本一致的。由于内螺旋带的螺距应小于外螺旋带，为达到推送物料的能力一致，内螺旋带的螺距应小于外螺旋带，而宽度应大于外螺旋带，否则会使物料向一个方向集中。因此，在选择卧式混合机时要注意这一点。

（3）按设计原理，螺旋带式混合机中螺旋带与壳体之间的间隙可以为4~10毫米，物料可以用摩擦力带动全部参加混合。但由于粉碎粒度及物料的摩擦系数不一样，因此会使各种组分的物料参加混合的时间不一样，造成产品的不均匀性。

3. 使用与维护

设备运转时，不得有大于 5 毫米的硬性异物进入机内，否则应停机排除；在运转中若发现有金属碰击、摩擦等异常声响，应及时停机检查排除；作固—液混合时应先运转，后喷液，喷液完毕后，继续运转混合 3~5 分钟即可；一次物料混合时间一般 5~8 分钟。特殊物料混合时间需用户试验确定；混合物料的粒度为 20~1 400 目；喷液量可根据物料的吸附性能及用户的生产工艺要求而定；使用中应定期对减速器及轴承更换润滑油，减速器的润滑油牌号按减速器说明书要求进行；主轴轴承用复合锂基润滑脂；轴端密封采用填料密封；密封材料一般为油浸石棉，使用中若发现有少量渗漏应调紧填实箱盖压紧螺栓。

四、温控设备的操作及维护

猪场当前使用的主要降温设备有风机、水帘、喷雾、滴水、风扇等，保温设备有热风炉，地暖等。

降温设备

1. 湿帘风机系统的构成

整套系统由湿帘、风机、循环水路和控制装置组成。湿帘是由一种表面积较大的特种波纹蜂窝状纸质做成。负压风机通常是轴流风机，所需台数一般根据换气量来决定，目前，许多新建猪场每栋猪舍安装 3 台：1 台 36 寸小风机，其通风量在每小时 15 000m³，2 台 50 寸大风机，其每台每小时通风量为 40 000m³，配套的湿帘面积在 1.9m×9.0m。水循环系统由水泵和输水管道组成，可以采用自来水或井水作为水源。而控制系统则主要由温度感应器和一些控制调节按钮等组成。

2. 工作原理

先由自动温控器的测温探头测得整个猪舍内的平均气温，再由温控器将测得的模拟值与预先设定的温度数据进行比较，从而做出接通或断开电源的动作。若接通电源，就会驱动负压风机的电机开始运转，随着温控器所测温度的进一步升高，将会启动更多的风机以及水泵，通过舍内外的空气压力差，让舍外的空气高速流过湿润的纸帘表面。由于水分的蒸发带走了空气的热量，使得进入猪舍内的空气温度低于湿帘风机外的空气温度。相反，如果温控器检测到的实时温度低于设定温度，则系统就会停止水泵的运转。

3. 湿帘风机降温系统的维护

做好湿帘的日常维护工作，有助于延长湿帘的使用寿命，最大限度地发挥湿帘的降温效果。日常维护需要做好以下工作。

（1）由于湿帘风机降温系统在猪舍内使用，环境相对恶劣，常处于高温、潮湿的条件下，因此自动温控器必须采用防水密封配电箱进行保护。注意设定温度时，要确保所设定的工作温度应与能发挥猪群良好生产性能的最适环境温度相匹配。另外要注意分娩舍的温度设定，要同时考虑到哺乳仔猪和母猪对于环境温度的不同要求。设定温度时应以母猪的要求为准，以确保母猪始终处于最佳的生长和哺乳环境当中，而哺乳仔猪则可通过局部温度的调节来保持适宜温度。

（2）手动运行时应注意工作程序。开机前，首先要检查电源及温度设置是否正确，水源是否充足。先打开供水系统，再开启风机，注意关闭系统时要先停止供水系统，直到湿帘干燥后再关闭风机。

（3）冬季闲置不用时，应将湿帘内外覆盖好，以防灰尘太多影响其下次使用。下次使用前还应注意清洗水池、管道和过滤网，并做好消毒工作。

（4）循环水路上的过滤装置要经常进行清洗，除去杂质，以免影响供水以及降温的效果。

4. **热风炉**

（1）操作规程。

①生火。将引火燃料准备就绪，检查鼓风机是否处于正常工作状态。将煤的下方摆放好大小长短适宜的木棒及旧棉纱等引火物，煤层厚度不能超过上炉门（不允许泼浇汽油、酒精等易挥发、易放毒物品）。关闭上炉门，打开下炉门，打开鼓风机且正常运行后，点燃炉内燃

②正常运行。司炉工密切注意舍内温度的变化，重点控制每一次给煤量；煤层厚度必须根据煤质量变化而调整；根据炉内燃烧情况，调整上、下炉门的打开位置；发现炉膛内有煤炭燃烧时产生的焦炭，要及时清理；每隔一小时要进行一次清灰处理。每运行一周后进行一次烟道清灰，确保热风炉的换热效率。

③停炉操作　停止炉内供煤（长时间不起动的情况下）。加厚煤层压住火床，控制炉内煤炭燃烧（临时停炉时）。打开上炉门，关闭下炉门，根据炉膛内温度确定在最佳温度时停止鼓风机。在没有温控的情况下，压火暂停炉期间，司炉人员应按时观察炉体温度的变化，防止炉膛内温升过高而烧毁热风炉。停炉期间，换热室温度应低于50℃，超过此温度需运转鼓风机。

（2）紧急停炉：凡有下列情况之一时必须紧急停炉。

①换热系统发生严重开焊，致使烟气进入舍内时；

②鼓风机不能正常工作或突然停电时；

③燃烧设备严重损坏。如炉膛煤毁或构架烧红等；

④其他异常情况且超过安全运行允许范围，涉及设备人身安全时；

（3）紧急停炉的操作：

①迅速将炉膛内的全部燃料扒出，用水浇灭；或用湿炉灰压住炉火。

②打开所有炉门降温（必须在扒掉炉火的前提下）。

③如是突然停电，司炉工应查问清楚停电的原因和时间的长

短，采取相应的处理方式。

④在紧急停炉时，司炉工应坚守岗位，密切观察炉膛温度及其系统的变化情况，以便采取应急得当的措施。

⑤紧急停炉过程中，不允许使炉膛冷却速度过急过快。以防止炉膛、烟道等，因冷却过快而造成损坏。

模块八　猪场经营管理

一、生产计划及规章制度建立

（一）产品销售计划的制订

制订养猪场产品销售计划，首先要了解市场，以避免给生产带来盲目性而造成不必要的损失。养猪场是生产鲜活商品的生产部门，猪是有生命的动物，养猪过程中，每天都要消耗一定量的饲料来维持其生理活动，因此，当猪养成后不能停留过长时间，应及时销售，以节约饲料和劳力，提高圈舍利用率，加快资金周转。这就要求猪场在制订产品销售计划时要了解市场，通过对市场的调查研究，了解产品销售市场的规模、特点和销量大小，自己生产的产品在不同市场的竞争能力，同行业生产的产品数量、质量、布局和竞争能力，作出符合实际的供求预测，为经营决策提供科学依据、了解市场，摸清市场需要的品种、规格、质量、数量以及市场前景、季节状况，使自己的产品能适时、适量地安排销售。同时还得考虑销售渠道，如外贸出口、农贸市场、产销挂钩、国营合同销售等销售方式。

养猪场的产品销售计划包括种猪推广、育肥仔猪和商品猪各月份的推广和销售量。这一计划的制定为产品生产计划的制定提供依据，也能对全年的销售收入做到心中有数，为成本核算打下基础。

（二）产品生产计划的制订

产品生产计划的制订是依据产品销售计划上年的生产实际、

本场猪群结构变化情况等诸多方面的条件，制订出切实可行的、经过努力能够实现的产品生产计划。主要内容是制定全年产品总量（包括猪只出栏头数和总增量）以及逐月分布情况。种猪场以提供种猪为主，商品猪场提供肉猪为主，以肉猪头数乘以每头出栏平均活重，计算出总产量。

以某场为例，目前，实际情况和现有生产水平，对年产10 000 头肉猪生产线实行工厂化生产管理方式，采用先进饲养工艺和技术，其设计的生产性能参数选择为：平均每头母猪年生产2.2 窝，提供 20 头肉猪，母猪利用期为 3 年。肉猪达 90～100 千克体重的日龄为 160 天左右（24 周）。肉猪屠宰率 75%，胴体瘦肉率 65%（表 8－1）。

1. 存栏猪结构标准

妊娠母猪数 = 周配母猪数 × 15 周

临产母猪数 = 周分娩母猪数 × 单元产栏数

哺乳母猪数 = 周分娩母猪数 × 3 周

空怀断奶母猪数 = 周断奶母猪数 + 超期未配及妊检空

怀母猪数（周断奶母猪数的 1/2）

后备母猪数 =（成年母猪数 × 30% ÷ 12 个月）× 4 个月

成年公猪数 = 周配母猪数 × 3 ÷ 2.5（公猪周

使用次数）+ 1～2 头（按 3 次本交计算）

仔猪数 = 周分娩胎数 × 4 周 × 10 头/胎

保育猪 = 周断奶数 × 4 周

中大猪 = 周保育成活数 × 16 周

年上市肉猪数 = 周分娩胎数 × 52 周 ×

9.1 头/胎（仔猪 7 周龄上市）

配种分娩率 85%，胎均产活仔 9.5 头以上，胎均上市 9.3 头，成年母猪年淘汰（更新）率 30%，成年母猪年产胎数 2.20，年均提供上市仔猪数 20.46 头。

妊娠母猪数 = 360 头　　　临产母猪数 = 20 头

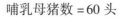

哺乳母猪数 = 60 头

空怀断奶母猪数 - 30 头 后备母猪数 = 48 头 成年公猪数 = 30 头

后备公猪数 = 6 头 仔猪数 = 800 头 保育猪 = 760 头

中大猪 = 2 949 头

合计：5 063 头（其中基础母猪为 470 头）年上市肉猪数 = 9 464 头

表 8 - 1 生产计划一览表

基础母猪数		473
满负荷配种母猪数	周	24
	月	104
	年	1 248
满负荷分娩胎数	周	20
	月	87
	年	1 040
满负荷活产仔数	周	200
	月	867
	年	10 400
满负荷断奶仔猪数	周	190
	月	823
	年	9 880
满负荷保育成活数	周	184
	月	797
	年	9 568
满负荷上市肉猪数	周	182
	月	789
	年	9 464

注：以周为节律，一年按 52 周计算；按设计产房每单元 20 栏计划

2. 生产流程

本方案的肉猪生产程序是以"周"为计算单位，工厂化流水生产作业程序性生产方式，全过程分为 4 个生产环节。按下列工艺流程进行。

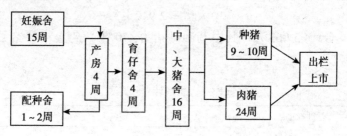

待配母猪阶段：在配种舍内饲养空怀、后备、断奶母猪及公猪进行配种。每周参加配种的母猪 24 头，保证每周能有 20 头母猪分娩。妊娠母猪放在妊娠母猪舍内饲养，在临产前一周转入产房。

母猪产仔阶段：母猪按预产期进产仔舍产仔，在产仔舍内 4 周，仔猪平均 21 ~ 25 天断奶。母猪断奶当天转入配种舍，仔猪原栏饲养 3 ~ 7 天后转入保育舍。如果有特殊情况，可将仔猪进行合并，这样不负担哺乳的母猪提前转回配种舍等待配种。

仔猪保育阶段：断奶 3 ~ 7 天后仔猪进入仔猪保育舍培育至 9 周龄转群，仔猪在保育舍 4 周。

中大猪饲养阶段：9 周龄仔猪由保育舍转入到中大猪舍饲养 16 周左右，预计饲养至 24 周龄左右，体重达 90 ~ 100 千克出栏上市。一般每周可出栏 182 头猪左右。

（三）种猪淘汰原则与更新计划

1. 种猪淘汰原则

后备母猪超过 8 月龄以上不发情的；

断奶母猪两个情期以上不发情的；

母猪连续二次、累计三次妊娠期习惯性流产的；

母猪配种后复发情连续两次以上的；

青年母猪第一、第二胎活产仔猪窝均6头以下的；

经产母猪累计三产次活产仔猪窝均6头以下的；

经产母猪连续二产次、累计三产次哺乳仔猪成活率低于60%，以及泌乳能力差、咬仔、经常难产的母猪；

经产母猪7胎次以上的，且7胎的胎均活产仔数低于8头的；

后备公猪超过10月龄以上不能使用的；

公猪连续两个月精液检查不合格的；

后备猪有先天性生殖器官疾病的；

发生普通病连续治疗两个疗程而不能康复的种猪；

发生严重传染病的种猪；

由于其他原因而失去使用价值的种猪；

2. 种猪淘汰计划

（1）母猪年淘汰率25%～33%，公猪年淘汰率40%～50%。

（2）后备猪使用前淘汰率：后备母猪淘汰率10%，后备公猪淘汰率20%。

3. 后备猪引入计划

后备猪年引入数＝基础猪数×年淘汰率÷后备猪合格率

（四）规章制度

猪场的日常管理工作要制度化，要让制度管人，而不是人管人。要建立健全猪场各项规章制度如：员工守则及奖罚条例、员工休请假考勤制度、会计出纳电脑员岗位责任制度、水电维修工岗位责任制度、机动车司机岗位责任制度、保安员门卫岗位责任制度、仓库管理员岗位责任制度、食堂管理制度、卫生防疫管理制度、消毒卫生制度、免疫及标识制度、引种及检疫申报制度、疫情报告及病死猪无害化处理制度、猪场用药制度、猪场车间岗位职责、物料管理制度、生产例会与技术培训制度等等。

二、档案的建立与管理

近年来，随着养猪业集约化、规模化程度的提高，如何加强猪场的管理，提高管理效率，显得越来越重要，而管理过程中如何加强养殖档案的管理占据着重要的位置，现总结多年从事猪场养殖档案管理的体会以供同行参考。

猪场的档案包括科研类、生产类、科教宣传类、仪器设备类、基建类、人事类等的纸质、电子、影像资料等。生产类养殖档案在生产实践中指导意义尤为突出，可以使猪场疾病控制有延续性，使猪群保健更有依据，能掌握每一头母猪的生产性能，使母猪保健管理更有效，能掌握公猪的生产性能，随时了解公猪的健康状况等。因此养殖档案的建立、完善和利用意义重大。

1. 资质档案

包括有效期内的种畜禽生产经营许可证、动物防疫合格证、养殖场排污许可证、本场生产管理专业技术人员资质证（对应文凭）、特种工种上岗证或职称资格证、饲养员健康证等。

2. 相关规章、制度、规程

包括员工守则、岗位职责、考勤制度、各类猪只饲养管理操作规程、免疫程序、消毒制度、无害化处理制度、安全生产制度、奖惩考核办法、请休假制度、门卫制度、采购制度、物资管理办法等。

3. 畜牧生产

主要有品种培育记录，种猪系谱卡片，配种、产仔、生产记录，公猪精液（采精、品质鉴定、稀释、保存）记录，转群记录，返情、流产记录，死亡、淘汰记录等。

（1）品种培育记录：包括后备猪生长发育记录（体长、体高、胸宽、胸深、胸围、腹围、腿臀围、管围、背膘厚、倒数3~4肋眼肌面积）；肥育（日增重、料肉比）测定记录、屠宰测定记录（体重、胴体重、屠宰率、胴体长，6～7 肋皮厚、6～7 肋膘厚、肩、腰、荐三点膘厚，倒数 3～4 肋眼肌面积，肉骨皮脂率、瘦肉率）；肉质测定记录（肉色、大理石花纹、pH1 值、pH2 值、肌内脂肪、贮存损失）。

（2）种猪系谱卡片：包括出生日期、毛色、乳头数、移动情况、三代标准系谱、繁殖记录、体质外貌、肥育性能、后裔成绩、生长发育等指标。

（3）配种记录：包括母猪舍栏、品种、耳号、胎次、上次断奶日期、发情日期、本次配种日期，与配公猪品种、耳号、配种方式、预产期、配种员、返情流产等。

（4）产仔哺乳记录：包括舍栏，分娩日期时刻，母猪品种、耳号、特征、胎次，与配公猪品种、耳号、配种日期，预产期，妊娠天数，产仔数〔总产仔数、活产仔数（健仔弱仔、畸形）、死胎（鲜活、陈腐）、木乃伊〕及仔猪性别，毛色特征，奶头排列，出生重，21 日窝重，断奶头数，断奶窝重，育成率，断奶转群记录等。

（5）生产记录：包括存栏猪只数量、猪群变动情况（出生、调入、调出、死淘）。

（6）饲料消耗记录：包括料号、适用阶段、开始使用日期、生产厂家、批号或加工日期、重量、结束使用日期。

（7）公猪采精、品质鉴定、稀释、保存记录：包括日期、耳号、品种、采精量、活力、气味、密度、稀释后活力、稀释比例，保存时间、成品份数等。

（8）转群记录：包括转出栏舍、品种、耳号，转入栏舍。

（9）返情流产记录：包括日期、品种、耳号（注意同一头母猪的返情流产，统计时不能重复计算）

（10）死亡淘汰记录：包括日期、性别、品种、估计重量、死淘原因、去向、责任饲养员、责任兽医。

4. 兽医疫病防治

主要有免疫、保健、诊疗、解剖、用药、消毒、无害化处理记录、疫病监测报告等。

（1）免疫记录：包括疫苗名称、免疫对象（品种、耳号、栏位）生产厂家、生产批号、保质期、免疫方式、剂量、免疫员签字、饲养员确认签字。

（2）保健记录：包括保健对象、用药品种数量、用药方式、药品的生产厂家、生产批号、保质期、操作员签字、饲养员确认签字。

（3）诊疗记录：包括舍栏、日龄、体重、病因、用药名称、用药方法、诊疗结果。

（4）解剖记录：包括舍栏、日龄、体重、特征性解剖症状、初步结论及实施解剖的责任人。

（5）用药记录：使用兽医处方签，内容包括：舍别、栏位、品种、性别、耳号、体重、主要症状、处方用药、药费饲养员签字、兽医师、司药签字。

（6）消毒记录：包括消毒剂名称、消毒对象与范围、配制浓度、消毒方式、操作者、责任兽医。

（7）无害化处理记录：包括舍栏、数量、类别、耳号、处理方法、处理单位（责任人）、监督人等。

（8）疫病监测报告：要求每季度进行常见传染疾病的抗体或抗原监测（猪瘟、口蹄疫、蓝耳病、伪狂犬病、细小病毒病、乙脑）。

5. 经营管理

主要有种猪、饲料、药品、疫苗的采购、保管、使用或销售。

（1）种猪的引进：必须有种猪来源场的种畜禽生产经营许可证、检疫合格证、发票、种猪合格证、种猪个体养殖档案；须进行种猪采购登记，填写引种日期、品种、数量、供种场、隔离日期、并群日期、责任兽医签字。

（2）饲料采购：须填写采购日期、品名、适用阶段、数量、生产厂家、批准文号、药物添加剂、休药期、验收人。自配饲料还必须填写饲料加工、成品后出入库记录，药物添加剂及限用添加剂使用记录（添加日期、用药猪群、添加剂名称、生产厂家、批准文号、添加剂量、休药期、停用时间、责任人）。

（3）药品、疫苗采购：要填写采购日期、品名、数量、生产厂家、批准文号、生产日期、有效期、贮存条件、验收人。

（4）疫苗的保存：必须填写贮存条件监测日记录（特别监管温度）。

（5）饲料、药品、疫苗保管：入库填入库单，使用填出库单，建立入库、使用、节余台账式管理。

（6）种猪的销售：必须填写出猪台账：销售日期、购货人、品种、等级、重量、出猪舍栏、责任饲养员、销售员、购方联系方式。

三、成本核算与效益化生产

养猪产品成本是猪场在生产销售养猪产品过程中所消耗的各种费用的总和，是养猪产品价值的主要组成部分，是衡量养猪企业经营管理水平的重要经济指标。包括：饲料费；种猪或仔猪购入费；工资或用工费；光、热水电费；医药卫生防疫费、折旧费；运输费；贷款利息；设备维修维护费；共同生产费；经营管理费；福利费；低值易耗品开支及其他用于生产而产生的费用（工具、研发开发、宣传、培训）等。

养猪生产总成本＝饲料费＋种猪或仔猪购入费＋工资或用工费＋光、热水电费＋医药卫生防疫费＋生产设施折旧费＋运输费＋贷款利息＋设备维修维护费＋共同生产费＋经营管理费＋福利费＋低值易耗品开支＋其他费用（工具、研发开发、宣传、培训）

单位产品饲料成本：反映生猪产品的饲料消耗程度。

单位产品饲料成本（元/千克）＝饲料费用/猪产品产量。

单位增重成本：指仔猪和肥育猪单位增重成本。

成本（元/千克）＝（猪群饲养成本－副产品价值）/猪群增重。

单位活重成本（元/千克）＝（期初活重饲养成本＋本期增重饲养成本＋期内转入饲养成本＋死猪价值）/（期末存栏猪活重＋期内离群猪活重（不包括死猪）），可分为断奶仔猪活重成本、肥猪活重成本。以某猪场为例：

1. 猪场生产情况

该猪场建于 1997 年，常年存栏基础母猪约 500 头，猪只常年存栏量为 2 500～3 000 头，每年可向市场提供育肥猪 3 600 头左右，仔猪 4 400 头左右。

2012 年 12 月 25 日，猪场存栏量为 2 813 头，其中繁殖母猪 492 头，后备母猪 56 头，种公猪 30 头，育肥猪 1 120 头，哺乳仔猪 585 头，保育猪 530 头。

2013 年全年出售育肥猪 3 671 头、仔猪 4 280 头、淘汰种猪 98 头，销售收入分别为 245.89 万元、103.72 万元、10.15 万元，合计销售收入为 359.76 万元。

2013 年 12 月 25 日，猪场存栏量为 2 731 头，其中繁殖母猪 501 头，后备母猪 50 头，种公猪 30 头，育肥猪 980 头，哺乳仔猪 560 头，保育猪 610 头。

2. 直接生产成本和间接生产成本

猪的生产成本分为直接生产成本和间接生产成本。所谓直接生产成本就是直接用于猪生产的费用，主要包括饲料成本、防疫费、药费、饲养员工资等；间接生产成本是指间接用于猪生产的费用，主要包括管理人员工资、固定资产折旧费、贷款利息、供热费、电费、设备维修费、工具费、差旅费、招待费等。

计算仔猪与育肥猪的生产成本时，只计算其直接生产成本，间接生产成本年终一次性进入总的生产成本。

3. 仔猪的成本核算及其毛利的计算

仔猪的成本核算：

①饲料成本：该猪场 2013 年用于种公猪、后备母猪、繁殖母猪、仔猪的饲料数量及金额总计分别为 784.86 吨和 101.60 万元。

②医药防疫费：猪场全年用于种公猪、后备母猪、繁殖母猪、仔猪的防疫费合计 3.64 万元，药费合计 2.94 万元。

③饲养员工资：饲养员工资实行分环节承包，共有饲养员 11 人。按转出仔猪的头数计算工资，全年支出工资总额为 9.36 万元。

2013 年仔猪的直接生产成本合计 117.54 万元。全年出售仔猪 4 280 头，转入育肥舍仔猪 3 750 头，合计 8 030 头，则平均每头仔猪的直接生产成本为 146.38 元。

仔猪毛利的计算：

2013 年销售仔猪 4 280 头，收入 103.72 万元。全年转入育肥舍仔猪 3 750 头，每头按 200 元（参考市场价格制定的猪场内部价格）转入育肥舍，共 75 万元。则仔猪的毛利为 61.18（103.72 + 75 - 117.54）万元，平均每头仔猪的毛利为 76.19 元。

4. 育肥猪的成本核算及其毛利的计算

（1）育肥猪的成本核算：

①饲料成本：该猪场 2013 年用于育肥猪的饲料数量及金额总计分别为 943.80 吨和 116.29 万元。

②医药防疫：在仔猪阶段所有免疫程序已完成，全年药费为 0.59 万元。

③饲养员工资：饲养员工资实行承包制，按出栏头数计算工资，全年支出工资总额为 2.20 万元。

④仔猪成本：转入仔猪成本为 75 万元。

2013 年育肥猪的直接生产成本合计为 194.08 万元。全年出栏育肥猪 3 671 头，则平均每头育肥猪的直接生产成本为 528.68 元。

（2）育肥猪毛利的计算：全年出售育肥猪 3 671 头，收入为 245.89 万元。则育肥猪的毛利为 51.81（245.89 - 194.08）万元，平均每头育肥猪的毛利为 141.13 元。

5. 盈亏分析

猪场全年的盈亏额等于仔猪与育肥猪的毛利及其他收入之和减去猪的间接生产成本。因养殖业没有税金，所以不考虑税金问题。

（1）猪的间接生产成本。

①管理人员工资：猪场有场长、副场长、技术员、会计各 1 人，其他工作人员 3 人，全年支付工资为 7.70 万元。

②固定资产折旧费：猪场固定资产原值为 568.30 万元，2013 年末账面净值为 454.70 万元，全年提取固定资产折旧费 28 万元（猪舍、办公室等建筑按 20 年折旧，舍内设备按 10 年折旧）。

③贷款利息：猪场全年还贷款利息 8.70 万元。

④其他间接生产成本：猪场全年的供热用煤费为 4.60 万元，电费为 5.13 万元。猪舍及设备的维修费用为 0.83 万元，买工具的费用为 0.12 万元。差旅费、招待费、办公用品及日用品费等为 3.20 万元。

猪的间接生产成本合计为 58.28 万元。

（2）猪场全年的盈亏情况：仔猪毛利为 61.18 万元，育肥猪毛利为 51.81 万元，出售淘汰种猪收入为 10.15 万元，合计 123.14 万元，减去间接生产成本 58.28 万元。猪场全年盈利 64.86 万元。

（3）存栏量的变化对猪场盈亏的影响：在年终分析猪场的盈亏时还要考虑到猪群数量的变化，如果猪群数量增加，则表示存在着潜在的盈利因素，如果猪群数量减少，则表示存在着潜在的

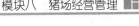

亏损因素。因为该猪场的存栏量变化不大，所以盈亏的影响在分析时可忽略不计，但如果猪的仔栏变化较大，在分析盈亏时就必须考虑到这一因素。

6. 提高猪场经济效益的措施

分析以上成本核算与盈亏分析的过程，可看出要提高猪场经济效益关键要做到以下几点。

（1）提高每头母猪的年提供仔猪数：提高猪场经济效益最有效的办法就是提高每头母猪的年提供仔猪数。该猪场平均每头母猪年提供的仔猪只有 16 头左右，这个水平还有很大的上升空间。在生产水平比较高的猪场，平均每头母猪年可提供仔猪 18～20 头，甚至 20 头以上。如果按 18 头计算，该猪场每年可多生产仔猪 1 000 头左右，这 1 000 头仔猪与上面 8 030 头相比，在成本上只增加了 1 000 头仔猪的饲料费、医药防疫费和饲养员工资，而其他成本没有增加。增加的这部分成本每头仔猪以 75 元计，如果按 200 元/头转入育肥舍，它的纯利润为 125 元/头，合计 12.50 万元。如果出售，利润会更高。可见提高每头母猪的年提供仔猪数能显著增加经济效益。

（2）降低饲料成本：饲料成本在猪的饲养成本中所占的比例一般都在 70% 左右。该猪场为 74%（不包括购买种猪及仔猪的成本）。降低饲料成本是增加经济效益的有效措施，但同时一定要保证饲料的质量，否则只能适得其反。主要方法是利用多种原料进行合理配合，达到既降低成本，又满足猪只营养需要的目的。

（3）降低非生产性开支：一般来说饲料成本在总成本中占的比例越高，非生产性开支所占的比例越少，说明猪场的管理越好，所以要尽量减少各种非生产性开支，提高经济效益。

四、市场销售措施

（一）生猪价格查询渠道

1. 给当地经济人打电话。

2. 专业网站查询，如中国猪 e 网、中国猪业网、猪场动力网等。

（二）生猪销售

1. 切忌一哄而上

生猪价格上涨时，养猪户适度扩大养殖规模本是无可非议的，但切忌受一时的生猪价格上涨、养猪利润增加的趋使而一哄而上。养猪大户盲目扩大养殖规模，农户也蜂拥而至，其结果必然造成生猪市场供求关系的失衡，肉猪生产过剩，价格急速下滑，少数养猪户得利，而后来者往往事与愿违，有些甚至倒贴本。

2. 切忌一哄而下

生猪价格下跌，市场销售出现困难时，养猪户适当地压缩养殖规模也是无可非议的，但切忌养猪户一哄而下，盲目地宰杀处理母猪，其结果既会给养猪户带来惨重的经济损失，又会致使价格下跌后的生猪价格上涨过猛。这种任随市场经济自然调节的大起大落现象对社会的负面效应影响较大。因此，必须学会把握市场经济条件下生猪生产的内在规律，一些饲养技术过硬，经济实力雄厚的养猪户，应咬紧牙关，挺过市场的困难时期，以争取新的发展机遇。

3. 以质取胜

市场的竞争日趋激烈，养猪业在总量扩张的同时，尤其要注重质量的提高。三元杂交瘦肉型商品猪适应大众化的消费需要，且每 50 千克售价比二元杂交猪高出 30～50 元，每头肉猪可增收

60 ~ 100 元。因此，必须全力抓好生猪的品种改良，大力推广生猪人工授精技术，加速猪种的改良进程，实现肉猪养殖三元杂交化。同时，要规范生猪养殖场（户）的养殖行为和生猪屠宰加工环节，其中包括养殖场的选址、养殖场的建造、饲料的选用、生猪疾病防治、兽药及其添加剂的合理使用以及生猪屠宰等各个环节的行为规范，并争取通过国家绿色无公害产品认证，使生猪生产卫生、安全，且符合质量标准，增加消费者的放心度。

4. 积极探索综合开发利用的新路子

目前，农村中千家万户传统养殖方式正健康有序地向规模养殖方向发展。农村规模养猪场的发展、技术水准和管理水准的提高是降低养猪成本的关键，而市场供求状况则是制约养猪经济效益的关键，一旦市场价格波动，农村单纯发展规模养猪往往是很难承受的。如饲料价格上涨，生猪价格下跌到一定限度，则会造成规模养猪不赚钱，甚至倒贴本。因此，农村规模养猪应以养猪为主，积极探索综合开发利用的新路子，以提高养猪的综合经济效益。一是将规模养猪与酿造业、食品制造业、农副产品加工业配套，以便就地利用这些加工业的副产品，并将这些加工的副产品合理搭配于猪饲料中，大大降低养猪的饲料成本；二是将规模养猪与城郊型种植业配套，以便将蔬菜、瓜果及其副产品合理用于养猪；三是实行养鸡、猪鱼或鸡猪鱼立体养殖，先将精料用于养猪，然后将鸡粪发酵处理并适当地配合于猪饲料中，最后将猪粪发酵处理后用于养鱼，使饲料资源得到多层次的开发利用，从而使农村规模养猪获得较好的经济效益和生态效益。

附录1 《畜禽规模养殖污染防治条例》

中华人民共和国国务院令

第 643 号

《畜禽规模养殖污染防治条例》已经 2013 年 10 月 8 日国务院第 26 次常务会议通过，现予公布，自 2014 年 1 月 1 日起施行。

总理 李克强

2013 年 11 月 11 日

畜禽规模养殖污染防治条例

模块一 总 则

第一条 为了防治畜禽养殖污染，推进畜禽养殖废弃物的综合利用和无害化处理，保护和改善环境，保障公众身体健康，促进畜牧业持续健康发展，制定本条例。

第二条 本条例适用于畜禽养殖场、养殖小区的养殖污染防治。

畜禽养殖场、养殖小区的规模标准根据畜牧业发展状况和畜禽养殖污染防治要求确定。

牧区放牧养殖污染防治，不适用本条例。

第三条 畜禽养殖污染防治，应当统筹考虑保护环境与促进畜牧业发展的需要，坚持预防为主、防治结合的原则，实行统筹规划、合理布局、综合利用、激励引导。

第四条 各级人民政府应当加强对畜禽养殖污染防治工作的组织领导，采取有效措施，加大资金投入，扶持畜禽养殖污染防治以及畜禽养殖废弃物综合利用。

第五条 县级以上人民政府环境保护主管部门负责畜禽养殖污染防治的统一监督管理。

县级以上人民政府农牧主管部门负责畜禽养殖废弃物综合利用的指导和服务。

县级以上人民政府循环经济发展综合管理部门负责畜禽养殖循环经济工作的组织协调。

县级以上人民政府其他有关部门依照本条例规定和各自职责，负责畜禽养殖污染防治相关工作。

乡镇人民政府应当协助有关部门做好本行政区域的畜禽养殖污染防治工作。

第六条 从事畜禽养殖以及畜禽养殖废弃物综合利用和无害化处理活动，应当符合国家有关畜禽养殖污染防治的要求，并依法接受有关主管部门的监督检查。

第七条 国家鼓励和支持畜禽养殖污染防治以及畜禽养殖废弃物综合利用和无害化处理的科学技术研究和装备研发。各级人民政府应当支持先进适用技术的推广，促进畜禽养殖污染防治水平的提高。

第八条 任何单位和个人对违反本条例规定的行为，有权向县级以上人民政府环境保护等有关部门举报。接到举报的部门应当及时调查处理。

对在畜禽养殖污染防治中作出突出贡献的单位和个人，按照国家有关规定给予表彰和奖励。

模块二 预 防

第九条 县级以上人民政府农牧主管部门编制畜牧业发展规划，报本级人民政府或者其授权的部门批准实施。畜牧业发展规划应当统筹考虑环境承载能力以及畜禽养殖污染防治要求，合理布局，科学确定畜禽养殖的品种、规模、总量。

第十条 县级以上人民政府环境保护主管部门会同农牧主管

部门编制畜禽养殖污染防治规划，报本级人民政府或者其授权的部门批准实施。畜禽养殖污染防治规划应当与畜牧业发展规划相衔接，统筹考虑畜禽养殖生产布局，明确畜禽养殖污染防治目标、任务、重点区域，明确污染治理重点设施建设，以及废弃物综合利用等污染防治措施。

第十一条 禁止在下列区域内建设畜禽养殖场、养殖小区：

（一）饮用水水源保护区，风景名胜区；

（二）自然保护区的核心区和缓冲区；

（三）城镇居民区、文化教育科学研究区等人口集中区域；

（四）法律、法规规定的其他禁止养殖区域。

第十二条 新建、改建、扩建畜禽养殖场、养殖小区，应当符合畜牧业发展规划、畜禽养殖污染防治规划，满足动物防疫条件，并进行环境影响评价。对环境可能造成重大影响的大型畜禽养殖场、养殖小区，应当编制环境影响报告书；其他畜禽养殖场、养殖小区应当填报环境影响登记表。大型畜禽养殖场、养殖小区的管理目录，由国务院环境保护主管部门商国务院农牧主管部门确定。

环境影响评价的重点应当包括：畜禽养殖产生的废弃物种类和数量，废弃物综合利用和无害化处理方案和措施，废弃物的消纳和处理情况以及向环境直接排放的情况，最终可能对水体、土壤等环境和人体健康产生的影响以及控制和减少影响的方案和措施等。

第十三条 畜禽养殖场、养殖小区应当根据养殖规模和污染防治需要，建设相应的畜禽粪便、污水与雨水分流设施，畜禽粪便、污水的贮存设施，粪污厌氧消化和堆沤、有机肥加工、制取沼气、沼渣沼液分离和输送、污水处理、畜禽尸体处理等综合利用和无害化处理设施。已经委托他人对畜禽养殖废弃物代为综合利用和无害化处理的，可以不自行建设综合利用和无害化处理设施。

未建设污染防治配套设施、自行建设的配套设施不合格，或者未委托他人对畜禽养殖废弃物进行综合利用和无害化处理的，畜禽养殖场、养殖小区不得投入生产或者使用。

畜禽养殖场、养殖小区自行建设污染防治配套设施的，应当确保其正常运行。

第十四条 从事畜禽养殖活动，应当采取科学的饲养方式和废弃物处理工艺等有效措施，减少畜禽养殖废弃物的产生量和向环境的排放量。

模块三 综合利用与治理

第十五条 国家鼓励和支持采取粪肥还田、制取沼气、制造有机肥等方法，对畜禽养殖废弃物进行综合利用。

第十六条 国家鼓励和支持采取种植和养殖相结合的方式消纳利用畜禽养殖废弃物，促进畜禽粪便、污水等废弃物就地就近利用。

第十七条 国家鼓励和支持沼气制取、有机肥生产等废弃物综合利用以及沼渣沼液输送和施用、沼气发电等相关配套设施建设。

第十八条 将畜禽粪便、污水、沼渣、沼液等用作肥料的，应当与土地的消纳能力相适应，并采取有效措施，消除可能引起传染病的微生物，防止污染环境和传播疫病。

第十九条 从事畜禽养殖活动和畜禽养殖废弃物处理活动，应当及时对畜禽粪便、畜禽尸体、污水等进行收集、贮存、清运，防止恶臭和畜禽养殖废弃物渗出、泄漏。

第二十条 向环境排放经过处理的畜禽养殖废弃物，应当符合国家和地方规定的污染物排放标准和总量控制指标。畜禽养殖废弃物未经处理，不得直接向环境排放。

第二十一条 染疫畜禽以及染疫畜禽排泄物、染疫畜禽产品、病死或者死因不明的畜禽尸体等病害畜禽养殖废弃物，应当按照有关法律、法规和国务院农牧主管部门的规定，进行深埋、化制、焚烧等无害化处理，不得随意处置。

第二十二条 畜禽养殖场、养殖小区应当定期将畜禽养殖品种、规模以及畜禽养殖废弃物的产生、排放和综合利用等情况，报县级人民政府环境保护主管部门备案。环境保护主管部门应当定期将备案情况抄送同级农牧主管部门。

第二十三条 县级以上人民政府环境保护主管部门应当依据职责对畜禽养殖污染防治情况进行监督检查，并加强对畜禽养殖环境污染的监测。

乡镇人民政府、基层群众自治组织发现畜禽养殖环境污染行为的，应当及时制止和报告。

第二十四条 对污染严重的畜禽养殖密集区域，市、县人民政府应当制定综合整治方案，采取组织建设畜禽养殖废弃物综合利用和无害化处理设施、有计划搬迁或者关闭畜禽养殖场所等措施，对畜禽养殖污染进行治理。

第二十五条 因畜牧业发展规划、土地利用总体规划、城乡规划调整以及划定禁止养殖区域，或者因对污染严重的畜禽养殖密集区域进行综合整治，确需关闭或者搬迁现有畜禽养殖场所，致使畜禽养殖者遭受经济损失的，由县级以上地方人民政府依法予以补偿。

模块四 激励措施

第二十六条 县级以上人民政府应当采取示范奖励等措施，扶持规模化、标准化畜禽养殖，支持畜禽养殖场、养殖小区进行标准化改造和污染防治设施建设与改造，鼓励分散饲养向集约饲养方式转变。

第二十七条 县级以上地方人民政府在组织编制土地利用总体规划过程中，应当统筹安排，将规模化畜禽养殖用地纳入规划，落实养殖用地。

国家鼓励利用废弃地和荒山、荒沟、荒丘、荒滩等未利用地开展规模化、标准化畜禽养殖。

畜禽养殖用地按农用地管理，并按照国家有关规定确定生产设施用地和必要的污染防治等附属设施用地。

第二十八条 建设和改造畜禽养殖污染防治设施，可以按照国家规定申请包括污染治理贷款贴息补助在内的环境保护等相关资金支持。

第二十九条 进行畜禽养殖污染防治，从事利用畜禽养殖废弃物进行有机肥产品生产经营等畜禽养殖废弃物综合利用活动的，享受国家规定的相关税收优惠政策。

第三十条 利用畜禽养殖废弃物生产有机肥产品的，享受国家关于化肥运力安排等支持政策；购买使用有机肥产品的，享受不低于国家关于化肥的使用补贴等优惠政策。

畜禽养殖场、养殖小区的畜禽养殖污染防治设施运行用电执行农业用电价格。

第三十一条 国家鼓励和支持利用畜禽养殖废弃物进行沼气发电，自发自用、多余电量接入电网。电网企业应当依照法律和国家有关规定为沼气发电提供无歧视的电网接入服务，并全额收购其电网覆盖范围内符合并网技术标准的多余电量。

利用畜禽养殖废弃物进行沼气发电的，依法享受国家规定的上网电价优惠政策。利用畜禽养殖废弃物制取沼气或进而制取天然气的，依法享受新能源优惠政策。

第三十二条 地方各级人民政府可以根据本地区实际，对畜禽养殖场、养殖小区支出的建设项目环境影响咨询费用给予补助。

第三十三条 国家鼓励和支持对染疫畜禽、病死或者死因不明畜禽尸体进行集中无害化处理，并按照国家有关规定对处理费用、养殖损失给予适当补助。

第三十四条 畜禽养殖场、养殖小区排放污染物符合国家和地方规定的污染物排放标准和总量控制指标，自愿与环境保护主管部门签订进一步削减污染物排放量协议的，由县级人民政府按照国家有关规定给予奖励，并优先列入县级以上人民政府安排的环境保护和畜禽养殖发展相关财政资金扶持范围。

第三十五条 畜禽养殖户自愿建设综合利用和无害化处理设施、采取措施减少污染物排放的，可以依照本条例规定享受相关激励和扶持政策。

模块五 法律责任

第三十六条 各级人民政府环境保护主管部门、农牧主管部门以及其他有关部门未依照本条例规定履行职责的，对直接负责的主管人员和其他直接责任人员依法给予处分；直接负责的主管人员和其他直接责任人员构成犯罪的，依法追究刑事责任。

第三十七条 违反本条例规定，在禁止养殖区域内建设畜禽养殖场、养殖小区的，由县级以上地方人民政府环境保护主管部门责令停止违法行为；拒不停止违法行为的，处3万元以上10万元以下的罚款，并报县级以上人民政府责令拆除或者关闭。在饮用水水源保护区建设畜禽养殖场、养殖小区的，由县级以上地方人民政府环境保护主管部门责令停止违法行为，处10万元以上50万元以下的罚款，并报经有批准权的人民政府批准，责令拆除或者关闭。

第三十八条 违反本条例规定，畜禽养殖场、养殖小区依法应当进行环境影响评价而未进行的，由有权审批该项目环境影响评价文件的环境保护主管部门责令停止建设，限期补办手续；逾期不补办手续的，处5万元以上20万元以下的罚款。

第三十九条 违反本条例规定，未建设污染防治配套设施或者自行建设的配套设施不合格，也未委托他人对畜禽养殖废弃物进行综合利用和无害化处理，畜禽养殖场、养殖小区即投入生产、使用，或者建设的污染防治配套设施未正常运行的，由县级以上人民政府环境保护主管部门责令停止生产或者使用，可以处10万元以下的罚款。

第四十条 违反本条例规定，有下列行为之一的，由县级以上地方人民政府环境保护主管部门责令停止违法行为，限期采取治理措施消除污染，依照《中华人民共和国水污染防治法》、《中华人民共和国固体废物污染环境防治法》的有关规定予以处罚：

（一）将畜禽养殖废弃物用作肥料，超出土地消纳能力，造成环境污染的；

（二）从事畜禽养殖活动或者畜禽养殖废弃物处理活动，未采取有效措施，导致畜禽养殖废弃物渗出、泄漏的。

第四十一条 排放畜禽养殖废弃物不符合国家或者地方规定的污染物排放标准或者总量控制指标，或者未经无害化处理直接向环境排放畜禽养殖废弃物的，由县级以上地方人民政府环境保护主管部门责令限期治理，可以处5万元以下的罚款。县级以上地方人民政府环境保护主管部门作出限期治理决定后，应当会同同级人民政府农牧等有关部门对整改措施的落实情况及时进行核查，并向社会公布核查结果。

第四十二条 未按照规定对染疫畜禽和病害畜禽养殖废弃物进行无害化处理的，由动物卫生监督机构责令无害化处理，所需处理费用由违法行为人承担，可以处3 000元以下的罚款。

模块六 附 则

第四十三条 畜禽养殖场、养殖小区的具体规模标准由省级人民政府确定，并报国务院环境保护主管部门和国务院农牧主管部门备案。

第四十四条 本条例自2014年1月1日起施行。

附录2　猪场常规操作技能

一、利用猪的生物学特性

1. 视觉迟钝

猪有眼，所以，猪不会往墙上撞，但猪的眼不亮，它看不清墙是什么东西做的，所以一道布墙都可以把猪挡回去（但不能让猪碰到，否则猪会冲过去）。

2. 听觉发达

猪耳朵好使，赶猪时，用一根长一些的杆子击地，猪听到声音会听指挥；后面有声音它往前走，左面有声音它向右拐。

3. 群居性

猪随群，赶一大群猪比赶一头猪容易，所以卖猪时保持猪的队形是很关键的。

二、赶猪的方法

1. 给猪设计一条路

进猪舍或是售猪时上车，都有一条人为设计的路，这条路的墙最好是固定的结实的墙。如果没有，可以使用临时墙，如用铁栏杆代替、用长条的彩条布代替（也可以用饲料包装袋缝合成长条布）、也可以用其他不透光的板等，让猪看见只有向前才是对的，这样一般猪都会顺着人给它设计的路前行。这个办法对于母猪转群时比较实用。

2. 临时墙

猪看不到前面的路，用专用赶猪板、铁栏杆、木板都可将猪拦回。实在没有称手的物品，一个人蹲下也可以让体重小（100千克内）一些的猪返回。

3. 千万不要双腿叉开去拦猪

否则猪会从裤裆中穿过，将人顶一个大跟头。应以喊代打，人在后面喊叫，猪往往向前走，但如果人用很细的木条打猪，又没有给猪明确的指示，猪往往不知该如何办，经常返回头来，更加难赶。

4. 赶刚产仔母猪

母猪护仔，一般产后不愿离开；但如果拿一头它的小猪在前面，而且让猪闻一下，母猪多很容易跟着拿小猪的人走。

5. 赶出栏肥猪

如果遇到同一圈猪不整齐，而客户又要求均匀的话，就只有从圈中挑猪了。这时如果用一块长条布，将选中的猪兜住，很容易被赶出去，减轻抓猪的工作量。

6. 赶不愿上床的母猪

打或抬都会伤猪，增加死胎的数量，路面光滑还容易摔倒，也会伤猪。方法有二，一是上床台，二是铺防滑物料。

三、三点定位

1. 料定位

在确定猪躺卧的地方撒一些料，猪一般不在料上拉屎撒尿，但会在上面躺卧。

2. 粪定位

在猪应该排屎尿的地方，先放一些脏物，因猪有喜干净的特点，会主动走过去。

3. 夜间定位

晚上花一点时间，将躺卧地方不对的猪哄起，赶到该躺卧的地区，直到它们稳定睡好；

4. 水定位

在猪拉屎尿的地方放一些水，甚至占到大部分圈舍面积，将猪逼到很小的区域，待猪固定躺卧地点后，将水逐渐撒去。

5. 木板定位

一般仔猪从保育舍转到育肥舍时，温度都会有不同程度的下降。再加上保育舍多是网床，育肥舍多是水泥地面，有时地面还是湿的，这样猪会感到更冷。在需要定位的地方给猪铺一块木板，猪会主动躺在上面，也就不会在上面拉屎尿了。

6. 墙角定位

刚转入的仔猪一般喜欢在避风的地方躺卧，墙角和墙边就成了猪定位躺卧的地方，所以需要我们为刚转入的猪设计好墙或墙角。如果需要猪在靠近门口的地方躺卧，则要在门口堵一木板或其他物品，猪就会主动去躺卧。

7. 分栏定位

有里外间的猪舍，可在猪入舍时将二者隔开，待猪在外间活动熟悉后，天黑前将猪赶到里间，因入里间前猪多在外间拉屎尿，这样也就形成了习惯。

四、人工拌料

如果拌料方法不对，就会既费力气，又拌不均匀。拌料不均匀，饲料就不全价；如果料中有药，不但起不到药物的作用，还可能引起中毒。

1. 过渡拌料

金字塔式拌料法：首先按原料数量的多少依次由下向上均匀堆放，形成一个金字塔式的圆台。原料最多的在底层，最少的在顶层，然后从一边倒堆，变成一个新的圆台。经过人工搅拌和饲料自己的流动，一般 6~8 次就可搅拌均匀。这种方法简便实用，适合于原料数量大、品种数量多的情况下采用。

2. 料中加药

逐步多次稀释法：这是混合品种少或微量成分时采用的一种方法。如将 100 克药品加入到 10 千克料中，先将 100 克药和 100 克饲料混合均匀，再将这 200 克混合物和 200 克饲料混合，变为

400 克，这样依次加料，直到全部混匀为止。

3. 湿拌料混合法

使用料车拌料时，改变人们先放料后加水的办法，而是先加水后加料。因为料比水重，下面的水会不断地向上渗透。这样的好处第一是有水的料与料车摩擦力小，容易翻动；第二是不会存在死角。如果放水和料后稍停一会更省力。

4. 草料混合

先将草和适量的水混合成糊状，搅拌均匀后，再一点一点地给里边料，等到比较浓稠不易搅动时，再将草料混合物与剩余的料混合，这样就很容易拌均匀了。

五、前腔静脉采血

1. 选取合适的针筒和针头

针筒一般为 5 毫升规格的一次性针筒。由于猪的大小不同，前腔静脉的深浅不一样，要求使用的针头是不一样的。针头太短，刺不到前腔静脉；针头太长，则可能刺穿前腔静脉，同样采不到血。30 千克以上的中大猪，宜选用 12#38 毫米针头；10 ~ 30 千克小猪，可选用 9#25 毫米（一次性注射器常配的针头）；10 千克以下乳猪，应选择 9#20 毫米针头（一次性注射器所配的另一种规格的针头）。

2. 猪只的固定

公母猪用保定绳固定，要求尽可能吊得高一点，使猪的头颈与水平面呈 30° 以上角度，这样既方便采血人员察看采血部位，又使前腔静脉向外突出，静脉血充胀。20 千克以上的中大猪，由 1 ~ 2 个饲养员用捉猪器（或保定绳）拉住，头昂起，偏向右侧；20 千克以下的小猪，可由 1 ~ 2 个饲养员抓起，倒立，后背紧靠在栏架上。

3. 找准下针部位

猪的前腔静脉，越往头部越浅，但也越细；越靠胸部越粗，但越深。所以，采血应选择适当的部位。小猪取血的部位太靠前，血管太小，很难扎中，而且扎中了也很难抽到血液，所以小猪的采血部位应稍靠后。中大猪和公母猪血管比较大，往后太深，针头够不到血管，所以应略靠前。根据经验，20千克以下的小猪应采两前肢与气管交汇处，公母猪和20千克以上中大猪可选颈部最低凹处。

4. 下针和抽血

小猪：对准以上描述的部位，用针垂直刺入。拉紧针筒活塞，若针头扎中前腔静脉，可见到血液自血管源源流出，抽取所需的血量即可。如果抽不到血液，说明针头没有扎中，可上下移动针头，直到针筒中见到血液流出为止；公母猪和中大猪：对准下针部位，使针头偏向气管约15°方向下针，拉紧针筒活塞，若扎中，可见血液流出。如果见不至血液流出，说明没有扎中，有可能是前腔静脉较深，可用手顶紧针筒，使针头扎深一点。若仍采不到血，可以把针头往后稍退，或左右摇摆针头，直到有血液流出为止。实际上，操作熟练后，针头有没有扎中，凭手是可以感觉得到的，当针头扎破静脉壁时，可以感觉得到轻微的"卜"的一声。

六、清粪

1. 冬季保育舍清粪

清粪时间要安排在舍内外温差变小的接近中午的时段。先开窗通风，然后再开始清粪。

2. 定位栏母猪清粪

每次喂料的同时将水关掉，添完料后马上清粪。先将粪便刮到定位栏外，待大部分粪便清理后，打开阀门放水，这样还有保持舍内干燥的功效。

3. 产床母猪接粪

每次喂料前，先将料拌成湿拌料，猪听见拌料声会起立等

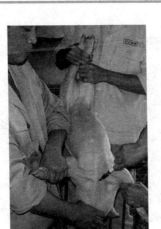

保育猪采血

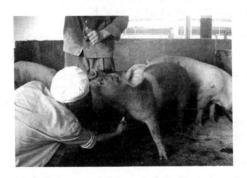

中猪采血

待。这时先不去喂料，而是拿粪锹在母猪后面转，发现哪个母猪有拉粪的迹象，马上跑去将粪便接住，这样 10 ~ 20 分钟，大部分母猪都会排便，然后再喂料。而且料经过一阶段后闷软，适口性也会变得更好。

4. 小猪补料

断奶后小猪不吃料的危害：一是长时间不吃会饿死，二是由液体的奶水突然变成固体的饲料，小猪不适应，采食量少体质弱

母猪采血

就容易得病；三是突然吃进消化不了的饲料，容易引起拉稀。

（1）鹅卵石法：这是利用猪的探究行为。在小猪的补料槽中，放几块洗干净的鹅卵石，小猪看到新鲜的东西会感兴趣，会主动去拱鹅卵石，不知不觉中吃进饲料；在找鹅卵石不易的猪场，也有用洗干净的青霉素瓶代替的，也可以用废旧的台球代替的，也可以是其他的物品，这样也就锻炼了小猪的采食。

（2）吊瓶法：也是利用猪的探究行为，在补料槽上方吊一个特殊颜色的塑料瓶，吊的高度要适中，让小猪抬头就能碰到，小猪在拱瓶的时候会闻到饲料的气味，产生采食欲望。

（3）抹料法：小猪睡觉时，饲养人员轻轻走过去，一手将猪嘴掰开，一手用指头蘸上糊状料抹到猪嘴里；抹料时，不必将所有猪都抹到，一窝中抹两到三头即可，而且抹料时不要惊醒小猪。

（4）补料的细节：料槽放在适宜的位置，要勤更换新鲜料。

参考文献

［1］梁永红.实用养猪大全［M］.郑州：河南科学技术出版社，2007.

［2］易本驰.猪病诊治与合理用药［M］.郑州：河南科学技术出版社，2012.

［3］刘涛.现代养殖实用技术［M］.北京：中国农业科学技术出版社，2011.

［4］中国兽药典委员会.中华人民共和国兽药典（三部）［M］.北京：中国农业出版社，2010.